KB096016

아들에게는
아들의 속도가
있습니다

아들에게는 왜 논리도,
큰소리도 안 통할까

아들에게는
아들의 속도가
있습니다

정현숙 지음

월요일의꿈

나는 왜 내 소중한 아이와 싸워야만 할까?

나는 늦둥이 무남독녀 외동딸이다. 엄마는 마흔에 나를 낳았다. 부모님은 넉넉지 않은 집안 형편에 형제 없이 늦둥이로 태어난 딸자식이 남에게 손가락질받지 않고 자라기를 바랐다. 그래서 매우 엄하게 나를 키우셨다. 그 시대의 부모들이 그랬듯 제대로 자녀 양육에 대한 교육을 받지 못한 건 두말할 것도 없다. 대학생이 되어서도 엄마한테 맞았으니 더 말할 것도 없지 않을까? 엄마의 방식은 폭력적이었고 서로를 힘들게 했다. 그런데도 소리를 지르거나 방문을 '쾅' 하고 닫는 것 말고는 반항을 생각해본 적이 없었다. 너무 무서워서였던 것 같다.

서른에 결혼을 하고 아이를 낳고 나니, 나도 엄마와 다를 바 없었다. 아이를 키우기 위한 준비가 되어 있지 않았다. 산후조리원에서 처음으로 둘만 있게 된 날은 침대 위에 아이를 올려놓고 가만히 바라보고만 있었다. 제발 울지 않기를 바라며, 제발 기저귀 갈 일이 생기지 않기를 바라며 말이다. 짧은 육아 휴직 기간에는 빨리 복직하고 싶은 마음만 가득했다. 아무것도 할 줄 모르는 작은 아이가 자신을 온전히 나에게 맡기고 있는 상황이 너무 무서웠다. 아무 준비도 안 되어 있던 나에게 육아는 매우 힘든 과정이었다. 가끔은 '엄마의 훈육 방법이 정답이 아닐까?' 하는 생각이 들 때도 있었으니 말이다.

다들 힘들다는 아들을 낳아 키워보니 정말 힘들었다. 나의 가장 큰 무기인 조곤조곤 논리 공격은 전혀 먹히지 않았다. 그래서 새로 개발한 공격은 단전에 힘을 실어 지르는 '사자후獅子吼'이다. 이건 꽤 효과가 좋다. 하지만 좋은 것도 하루 이틀이지 계속하다 보면 서로 지치기 마련이다. '아들이란 무엇인가, 나는 왜 여기서 저 아이와 싸움을 하는 것일까?'를 매일 고민하면서 떠오른 게 '내가 하는 일'이었다.

나는 사회복지사다. 사회복지사는 전문적인 지식과 실천 기술을 활용해 사회 구성원 모두가 인간답게 살아갈 수 있도록 돕는 일을 한다. 사회복지 업무는 사람과 지역 사회의 변화를 돕는 것이다 보니 관계 기술이 많다.

사회복지사로 일하며 배우고 실천해왔던 기술을 아들을 키우는 데도 적용해봤다. 아주 성공적이었다. 물론 아이가 드라마틱하게 변해서 이른바 엄친아로 변신한 것은 아니다. 하지만 예전보다 많이 달라졌고 여전히 달라지고 있다. 아들의 마음에 공감할 수 있게 되었다. 그리고 상담 기술을 적용해서 아들이 스스로 고민하고 생각하게 할 수 있었다. 주변 이웃들이 아들을 함께 돌보아주며 사회성도 자라났다. 그런 경험을 나누고 싶었다.

특히 준호는 쉬운 기질의 아이가 아니다. 매우 예민하고 까칠하며 화도 많다. 나도 비슷한 기질이어서 더 안 맞았는지도 모른다. 그래서 서로 더 힘들었다. 준호가 어린이집에 들어간 후 생긴 가장 큰 걱정은 '사회성'이었다. 같은 반 친구들과 잘 어울리지 못했다. 혼자 겉돌고 단체 활동에도 잘 참여하지 않았다. 그렇게 초등학생이 되어서 1학년 담임 선생님과의 학부모 면담에서 들은 말은 "준호는 우리나라 교육 시스템에 안 맞는 것 같아요"였다. 2학기 때는 "소아 우울증이 있는 것 같아요", "ADHD인 것 같은데 검사를 해보시면 어때요?"라는 말을 연달아 들었다. 안 그래도 걱정이 태산이었던 나에게는 청천벽력 같은 말들이었다. 결론적으로 준호는 소아 우울증도, ADHD도 아니다. 그냥 성향이 그런 애다.

발이 더우면 실내화를 벗고 다니고, 앉아 있는 게 힘들면 교실 바닥에 누워 있기도 하고, 관심 없으면 무표정한 얼굴로 대답도 안 하기 일쑤였다. 친구들에게도 큰 관심이 없었다. 반에 누가 있는지도 모를 정도였다. 지금 열거한 행동들이 선생님이 준호를 우울증이 있는 아이로 봤던 근거들이다. 준호 나름의 이유는 있었지만, 사회적 기준으로 봤을 때는 이해가 안 될 수 있는 행동들이다.

지금 준호는 그런 행동을 하지 않는다. 여전히 부족한 게 많지만, 단체 생활의 규칙을 지키려고 노력한다. 친한 친구들도 생겼고 친구들에게 관심을 보인다. 스스로 해야 할 일은 챙겨서 한다. 엄마, 아빠가 늦게 퇴근하는 날은 전기밥솥으로 밥을 해놓기도 하고 설거지도 한다. 명절에는 전을 부치며 차례 준비를 돕기도 한다.

사회복지 실천의 기본은 상대방을 믿어주는 것이다. 믿고 기다려주는 것이 우선이다. 준호에게 필요한 것은 준호를 있는 그대로 봐주고 믿어주는 것이었다. 그리고 준호의 속도에 맞춰 세상을 살아가는 데 필요한 규칙을 알려주는 것이었다. 사회복지 실천은 자녀 양육과 통하는 부분이 꽤 많다. 사회복지를 공부하지 않았다면 나는 아들을 키우기가 더 힘들었을 것이다. 너무 힘들 때는 '얘는 내 아들이 아니다. 나는 지금 상담 중이다'라고 생각할 때도 있었다. 그러면 분노를 가라앉히는 데 꽤 도움이 되었다.

이 책에서는 아들을 키우며 내가 겪었던 것을 중심으로 아들에게 꼭 가르쳐야 할 내용을 다뤘다. 아들을 키우는 데 도움이 되었던 사회복지 실천 기술도 함께 소개했다. 같은 자녀이지만 아들과 딸은 분명히 다른 점이 있다. 어떤 점이 다른지 알아야 아들에게 맞는 양육을 할 수 있다.

그래서 1장에서는 아들의 특징을 소개했다. 2장과 3장에서는 아들의 감성 지수를 높이고 아들과 소통을 잘할 수 있는 교육법에 관해 이야기했다. 아들의 훈육은 늘 고민거리이다. 4장에서는 아들에게 맞는 훈육 기술을 알아봤다. 공격적이고 거칠며 다듬어지지 않은 아들도 여린 마음을 갖고 있다. 마음이 단단해지지 않으면 아들에게 세상은 더 살기 힘들어질 수도 있다. 마음을 단단하게 하는 교육법과 세상을 살아가는 데 꼭 가르쳐야 할 교육법을 5장과 6장에서 소개했다.

아들도 아들로 살아가는 것이 쉽지는 않을 것이다. '아들'이라는 이유로 세상의 편견에 부딪혀야 할 때도 있다. '아들'이기 때문에 더 엄격한 잣대로 평가받기도 한다. 아들의 세상이 조금 더 행복해지고, 살기 좋아지려면 부모가 먼저 준비되어야 한다.

이 책 하나로 기적적인 변화가 일어나지는 않을 것이다. 하지만 더 나아지리라는 것은 확신한다. 나아지기 위해 노력하는 것과 노력하지 않는 것은 다르기 때문이다. 마음만으로는 변화할 수 없다. 작은 것이라도 행동해야 한다. 지금이 아들을 위해 행동해야 할 때이다.

Contents

6장 아들을 위한 세상살이 교육법

1장

아들이란 무엇인가?

테스토스테론과
수렵 시대의 남성성

아들과 딸 모두 성인이 되기 전까지 똑같이 신생아부터 청소년기까지의 성장 과정을 거친다. 그런데도 아들을 낳았다고 하면 주변에서 "아이구, 저런…", "둘째는 딸을 낳아야지" 같은 반응을 보인다. 아직 돌도 지나지 않았든, 청소년기이든 아들을 둔 엄마 모두 아들 키우기가 힘들다고 하소연한다. 당연히 엄마는 아들 키우는 것이 힘들 수밖에 없다. 아들과 다른 성性을 가진 여자이기 때문이다. 아들은 엄마가 알 수 없는 아들만의 특성이 있다. 이 특성을 알아야 아들을 이해할 수 있고 키우기가 쉬워진다.

수렵 시대의 남성성을 가진 아들

아들을 이해하려면 먼저 수렵 시대 남성성에 대해 알아야 한다. 수렵 시대의 남성성이란 사냥감을 찾기 위해 갖추어야 했던 생존 능력과 관련된다. 수렵이 주요 생존 수단이었던 원시 시대에는 거주지에서 멀리 떨어진 곳까지 사냥을 나갔다. 사냥에는 체력, 행동력, 빠른 판단력, 공격성, 방향 감각 등이 필요하다. 사냥은 주로 남자들이 담당했기 때문에 남자들은 사냥에 적합한 뇌를 갖게 되었다. 생존을 위해 사냥에 적합하게 뇌가 발달한 것이다.

뇌가 사냥에 적합하게 발달하며 갖게 된 특성은 남성성으로 표현된다. 여자인 엄마가 남자인 아들의 남성성을 이해하지 못하면 아들과의 관계는 어려워진다. 아들이 성인 남자가 되어가며 보이는 행동들은 더욱 이해하기 힘들어진다. 아들에게 내재된 남성성의 표현을 문제 행동으로 생각하고 이를 고치기 위해 몰두한다. 아들을 바라보는 관점 자체가 틀린 것이다. 엄마가 관점을 바꾸지 않으면 아들과의 간극은 좁혀지지 않는다.

대단한 존재가 되고 싶어 하는 아들의 영웅 심리 또한 남성성에서 기인한다. 사냥을 했던 때처럼 강하고 용감한 존재가 되고 싶은 것이다. 아들은 어릴 때부터 총과 칼, 로봇으로 전쟁놀이를 즐기며 영웅이 되고 싶은 욕구를 충족한다. 이는 아들 나름대로 찾은 남성성의 표현 방식이다. 엄마는 아들의 전쟁놀이를 보며 너무 공격적이고 파괴적이라고 걱정한다. 결국 엄마는 아들의 공격성을 낮추기 위해 여자의 관점에서 대안을 찾는다. 그러나 아들의 공격성을 낮추기 위한 대안은 또 다른 전쟁놀이의 수단이 되어버리고 만다. 남성성은 아들에게 내재된 특성이므로 엄마는 이것을 받아들여야 한다.

아들의 남성성을 이해하는 것과 올바른 남성성을 갖추도록 가르치는 것은 다르다. '남자니까'라는 생각으로 아들의 공격적이고 폭력적인 행동을 무조건 허용해서는 안 된다. 혼내야 할 행동임에도 남성성을 핑계로 '원래 그렇지 뭐', '남자애니까'라는 생각으로 넘어가는 경우가 있다. 이는 아들과 주변 사람들에게 더 큰 문제가 될 수 있다. 아들이 자신과 다른 사람의 아픔에 둔감해지기 때문이다. 아들이 아픔에 둔감해지는 순간 엄마가 우려하는 문제 상황이 발생한다. 따라서 아들이 이로운 남성성을 갖추도록 가르치는 것이 중요하다.

남성성은 매우 다양한 형태로 나타나며 시대에 따라 다르게 요구된다. 지금은 수렵 시대가 아니기 때문에 원시 시대에 요구되던 남성성을 가르칠 필요는 없다. 아들이 살아가는 시대에 맞는 남성성을 갖추도록 돕는 것이 부모의 역할이다. 아들이 스스로 이로운 남성성을 만들어가도록 올바른 가치관을 심어주어야 한다. 가치관 형성을 위해서는 감정 표현, 자기 통제, 회복 탄력성 같은 마음의 힘을 길러주는 것이 중요하다.

아들의 지배자, 테스토스테론

아들의 남성성을 이해하기 위해서는 '테스토스테론'을 알아야 한다. 테스토스테론은 고환의 세포에서 생성되어 혈류로 분비된다. 이는 신체의 여러 부위에서 작용하는 스테로이드 계열의 호르몬이다. 테스토스테론은 남성적 특징을 나타내기 때문에 남성 호르몬이라고 불린다. 미국의 신경과학 선구자로 불리는 노먼 게슈윈드Norman Geschwind는 출생 전 테스토스테론이 뇌의 발달에 영향을 미친다고 했다. 테스토스테론은 우뇌의 발달을 더 빠르게 한다. 우뇌가 발달하면 좌반신, 창의성, 직감, 상상력, 전체적·공간적 기능이 향상된다. 또한 테스토스테론이 뇌에 영향을 끼쳐 아들은 충동성, 공격성이 높으며 경쟁에 더 관심을 둔다.

테스토스테론은 엄마 배 속에 있을 때부터 체내에 형성된다. 아들이 태어났을 때 체내 수치는 열두 살 아이와 비슷하다. 아들이 성장하는 동안 테스토스테론 수치는 줄어들었다가 초등학교 고학년이 되면 급격히 상승한다. 이때가 2차 성징이 나타나는 시기이다. 아들은 테스토스테론이 증가하며 가만히 있지 못한다. 근육의 힘이 강해지고 행동이 앞선다. 넘치는 에너지를 발산하려고 하며 혼란스러워한다. 테스토스테론의 영향을 받는 아들은 아무것도 아닌 일에 경쟁하며 논쟁을 벌이고 엉뚱한 행동을 한다.

부모는 테스토스테론으로 인한 아들의 행동을 문제화하지 않아야 한다. 자기 의지가 아닌 호르몬의 영향으로 제멋대로 구는 것임을 이해해야 한다. 부모는 아들이 자기를 조절할 수 있도록 도와주어야 한다. 테스토스테론의 영향으로 나타나는 경쟁심, 공격성, 무모함을 아들의 성격, 성향으로 단정 짓지 말아야 한다. 그렇지 않으면 타고난 특성대로 잘 자라고 있는 아들을 문제가 있는 아이로 바라보게 된다. 그 순간부터 아들의 모든 행동을 억압하게 되고 아들과의 거리는 더 멀어진다.

테스토스테론은 아들을 이해하기 어렵게 만들기도 하지만 아들을 건강하게 자라게 돕는 역할도 한다. 테스토스테론은 아들의 두뇌 회전, 근육 크기와 강도, 골밀도 유지, 면역 체계 강화에 중요한 기능을 한다. 또한 아들이 활발하고 활동적이며 모험심을 갖게 한다. 아들은 테스토스테론의 영향 아래 낯선 세상에서 모험을 시작하고 몸으로 경험하며 자신을 단련해간다. 아들이 건강한 사회 구성원으로 살아가기 위해 테스토스테론은 매우 중요한 역할을 하는 것이다.

테스토스테론은 아들의 뇌에 영향을 미쳐 공격성, 경쟁심을 지니고 모험적 행동을 하게 한다. 수렵 시대부터 사냥에 맞게 발달해온 아들의 뇌는 테스토스테론의 영향을 받으며 남성성을 드러낸다. 아들의 이상 행동은 철저하게 테스토스테론의 영향 때문임을 기억해야 한다. 테스토스테론과 남성성을 이해하면 아들 키우기가 쉬워진다. 또한 아들이 올바른 가치관을 바탕으로 이로운 남성성을 갖도록 도와야 한다. 그래야 우리 아들들이 존중받으며 세상에 꼭 필요한 사람으로 존재할 수 있다.

아들과 딸은
무엇이 다른가

아들을 이해하려면 아들과 딸의 다른 점에 대해 알아야 한다. 왜 다르고 어떻게 다른지 안다면 비교로 힘든 마음이 줄어든다. 아들을 있는 그대로 볼 수 있게 되면 편안해진다. 아들이 딸보다 뒤처져 보이는 것은 진짜가 아니다. 아들은 조금 느리지만 성장하고 있다. 믿고 기다려주면 곧 딸을 따라잡는다. 딸과 비교하느라 아들의 마음에 상처를 주면 안 된다. 아들과 딸의 다름은 태생적이므로 인정하고 받아들여야 한다. 그래야 아들이 잘 성장한다.

아들과 딸의 뇌 발달 차이

아들과 딸은 뇌의 크기, 뇌량의 크기, 뇌의 사용 등에서 차이가 있다. 뇌의 구조와 발달이 다르며 이것은 행동에도 영향을 미친다. 아들과 딸의 뇌는 태어날 때부터 서로 다르다. 아들과 딸은 성장하며 각자의 특성이 강해진다. 뇌의 변화에 따라 점점 다르게 행동하게 된다. 아들의 이해되지 않는 행동은 의도한 바가 아니다. 뇌의 활동으로 나타나는 결과이다. 엄마는 여자이기 때문에 아들과 뇌의 구조가 다르다. 그래서 아들을 이해하기 어려운 것이다.

아들의 뇌는 딸의 뇌보다 평균적으로 10~15% 정도 크다. 뇌는 회백질Grey matter과 그 사이를 연결하는 백질White matter로 나뉘어 있다. 아들의 뇌는 회백질 비율이 높고 딸의 뇌는 백질 비율이 높다. 회백질은 뇌의 신경세포가 많이 모여 있는 부분이다. 뇌에 입력된 정보를 처리하며 뇌의 활동을 하나의 영역으로 제한한다. 아들이 한 번에 여러 가지 일을 하지 못하는 이유이다. 백질은 회백질에서 일어난 정보를 교환하고 전달한다. 정보 전달과 상황 판단, 현재의 감정과 경험을 고려해 결정을 내린다. 그래서 백질의 비율이 높은 딸은 한 번에 다양한 일을 처리할 수 있다.

아들의 뇌는 딸보다 뇌량의 크기가 작다. 딸의 뇌량은 아들의 뇌량보다 10% 정도 넓고 두껍다. 뇌량은 좌뇌와 우뇌의 정보를 교환하고 통합하는 신경 다발이다. 우뇌는 감성 뇌로 직관, 시각, 전체적·공간적 기능, 청각을 담당한다. 좌뇌는 언어 뇌로 분석, 사실, 논리, 수리를 담당한다. 뇌량이 넓은 딸은 좌뇌와 우뇌의 연결이 활발해 언어적·감성적 능력이 뛰어나다. 아들은 뇌량이 좁아서 좌뇌와 우뇌의 연결이 활발하지 않다. 그래서 아들은 감정을 말로 표현하는 데 어려움을 느낀다. 대신 공간 감각, 추론 능력, 수리 능력이 딸보다 발달한다.

뇌의 구조와 발달의 차이로 아들은 딸과 다른 특성을 갖는다. 딸보다 언어를 사용할 때 뇌를 적게 사용한다. 언어 사용 시 뇌를 적게 사용하는 아들에게 느낌과 감정을 묻는 것은 스트레스를 일으킨다. 들을 때도 좌뇌만 사용해서 오른쪽 귀에서 들린 단어만 이해한다. 딸은 좌뇌와 우뇌를 모두 사용해서 양쪽 귀에서 들린 말을 모두 알아듣는다. 딸은 여러 사람이 이야기해도 알아듣지만, 아들은 그렇지 않다. 아들과 대화할 때는 눈을 맞추고 들을 준비가 되어 있는지 확인해야 한다. 아들은 짧고 구체적이고 직접적으로 이야기해야 의미를 이해한다.

아들과 딸의 감정 표현 차이

딸은 감정과 공감 능력을 담당하는 백질이 많다. 기억, 정서와 관련 있는 '해마'도 더 크다. 딸은 감정의 인지·표현 능력과 기억력이 아들보다 뛰어나다. 하버드대학의 데보라 유겔룬 토드Deborah Yurgelun-Todd 연구팀의 연구 결과에 의하면 7세까지는 남녀 모두 감정 관련 뇌 활동이 편도에서 이뤄졌다. 그런데 남자아이는 17세가 되어도 편도에서 계속 감정과 관련된 활동을 한다. 반면에 여자아이는 자랄수록 감정을 담당하는 부위가 대뇌피질 전체로 넓어진다. 아들은 감정을 담당하는 뇌의 부위가 작고, 딸은 그 부위가 넓고 계속 발달한다. 그래서 감정 표현에 차이가 있는 것이다.

아들은 뇌의 작은 부위에서만 감정을 담당해서 감정의 영향을 많이 받지 않는다. 일할 때 오로지 목표에만 집중할 수 있다. 아들은 목표 지향적이며 집중력이 좋다. 그러나 전두엽의 발달이 느려 공감, 감정의 조절, 통합적 생각을 하지 못한다. 감정 조절이 되지 않으니 말보다 행동으로 해결한다. 목표를 달성하지 못했을 때 감정이 처리되지 않으면 반항적으로 방어하거나 회피한다. 또한 아들은 딸보다 변연계 끝에 있는 편도핵이 커서 감정적 격앙과 충동성이 강하다.

행복 호르몬이라고 불리는 세로토닌은 기분, 우울, 불안을 개선해 준다. 마음을 차분하게 가라앉히는 세로토닌은 아들보다 딸에게 많이 분비된다. 아들의 뇌는 세로토닌은 적게 분비하고 테스토스테론은 많이 분비한다. 테스토스테론은 감정에 강렬한 영향을 주어 공격성을 강화한다. 호르몬 분비의 차이는 아들과 딸의 감정 조절, 표현의 차이로 나타난다. 우리는 호르몬의 작용으로 아들이 겪는 감정 조절의 어려움, 공격성을 이해해야 한다.

아들은 딸보다 감정 처리가 잘되지 않으며 공격적이고 언어 표현력이 떨어진다. 상황을 고려해 판단하는 능력도 떨어져 감정을 극단적이고 직접적으로 표현한다. 아들과 대화하다 보면 속 터지는 경우가 많다. 무슨 생각을 하는 건지 마음이 어떤지 알 수가 없다. 아들이 일부러 그러는 것은 아니다. 어떻게 말해야 할지, 자신의 감정이 어떤 것인지 몰라 표현하지 못하는 것이다. 용기를 내어 표현하더라도 말이 거칠거나 앞뒤 설명 없이 본론만 꺼내 오해를 산다. 아들도 그런 상황이 답답하고 힘들다. 아들에게 자주 말을 걸어야 한다. 다양한 어휘에 익숙해지고 감정의 종류를 알도록 도우면 점점 나아진다.

아들과 딸은 뇌의 크기와 발달 시기가 다르다. 각각 뇌의 다른 영역이 발달했다. 아들의 뇌는 딸보다 회백질이 많지만 뇌량은 작다. 아들의 뇌는 세로토닌이 적게 분비되며 테스토스테론의 분비량이 많다.

이는 아들의 공격적 성향과 언어 발달, 감정 표현에 영향을 미친다.

아들과 딸의 뇌는 다르다. 다르다는 것은 어느 한쪽이 더 우월하다는 뜻이 아니다. 그냥 다른 것이다. 아들의 뇌는 성장하면서 발달하기 때문에 특정 시기가 한계라고 생각할 필요가 없다. 뇌의 특성을 이해하고 아들의 행동을 인정해주면 된다. 하지만 아들과 딸은 뇌가 다르므로 대하는 방식은 달라야 한다.

03

남자만의
역할 모델

오늘도 아들은 제멋대로 행동하며 엄마의 속을 썩인다. 엄마는 이런 아들을 향해 무섭게 야단치고 윽박지르며 결국에는 아들의 행동을 통제한다. 아들은 기가 죽고 속상해한다. 그런데 아들의 본래 특성을 이해하지 못하면 제대로 키울 수 없다. 엄마의 기준에서 판단하고 행동 기준을 정하며 다루기 쉬운 아이로 만들어버리면 안 된다. 고유의 특성이 무시되면 아들의 무한한 가능성은 빛을 보지 못하게 된다. 그래서 아들의 남성성을 이해하고 올바르게 성장하도록 돕기 위해 어른 남자의 역할 모델이 필요하다.

아들의 특성을 알아야 잘 키울 수 있다

뇌와 호르몬의 영향으로 아들이 갖는 특징을 알아야 한다. 아들 자체를 그대로 수용해야 잘 키울 수 있다. 아들은 규칙을 좋아한다. 그러나 스스로 이해하고 수용하지 않은 상태에서 강압되는 것은 좋아하지 않는다. 자신에게 흥미로운 일에 호기심을 가진다. 하고 싶은 일이 생기면 생각하기 전에 행동으로 먼저 옮긴다. 아들이 무언가에 도전할 때 이를 제지하는 것은 소용없다. 제한이 생길수록 더 하고 싶어 하며 어떻게든 방법을 찾아내고 다시 시도한다. 차라리 시도할 기회를 주고 위험에 대비할 방법을 알려주는 것이 더 효과적이다.

아들은 높은 곳에서 뛰어내리고 손을 놓고 자전거를 타며 턱만 보이면 올라간다. 경쟁하듯이 더 높은 곳에 오르며 더 멀리 뛸 수 있는지 내기한다. 모험적 행동은 승부욕과도 관련된다. 승부욕이 강한 아들은 지나친 경쟁을 하게 되어 위험이 발생할 수 있다. 이때 결과에 승복하고 감정 처리를 할 수 있도록 가르쳐야 한다. 아들은 에너지가 많은데 발산하지 않으면 스트레스로 이어진다. 에너지를 발산할 수 있게 해야 한다. 밖에 나가 친구들과 뛰어놀고 스포츠 활동을 즐길 수 있게 해주어야 한다.

아들은 공격성을 갖고 태어난다. 공격성이 강하다면 공격적 행동이 타인에게 미치는 영향을 알려줘야 한다. 타고난 특성이지만 타인에게 위협이 된다면 제지해야 한다. 오오타 게이코의 책 《앞으로의 남자아이들에게》에 의하면 일본에서는 아동 중심주의라는 명목으로 짓궂은 행동을 용인했다. 아들의 말썽을 주체성의 발로이자 개인의 행동, 성장과 관련된 문제로만 생각했다. 이는 결국 남녀 차별, 해로운 남성성으로 이어졌다. 해로운 남성성Toxic Masculinity이란 남성의 신체적·사회적 능력에 대한 우월 의식에 바탕해 폭력, 성차별 등으로 이어지는 것을 말한다. 그래서 아들이 남성성을 올바르게 세우기 위해서는 올바른 가치관을 심어주어야 한다.

아들은 남성성을 보호하려고 하며 남성다움을 갖추려고 애쓴다. 아들이 갑자기 퉁명스럽게 대하더라도 상처받을 필요가 없다. 다양한 시도를 하며 남자로서의 자신을 찾아가는 중일 뿐이다. 그러니 아들의 시도를 인정하고 도와주어야 한다. 엄마는 믿고 기다려주며 지지해주어야 한다. 아빠는 아들이 남성다움을 갖춰가는 과정에 길잡이 역할을 해야 한다. 언제든 도울 수 있게 준비하고 있어야 한다. 아들에게는 엄마, 아빠의 도움이 필요하다.

아들은 역할 모델이 필요하다

세상은 예측 불가한 방향으로 빠르게 변하고 있다. 기성세대가 경험하지 못한 변화에 어른들도 적응하느라 힘들다. 아들은 변화를 몸으로 부딪치며 이겨나가야 한다. 그 과정에서 아들을 도와줄 어른의 역할이 중요하다. 예전에는 친척, 이웃 등 아들을 도울 어른이 많았다. 그러나 지금은 그런 어른들이 적다. 부모의 역할이 중요하다. 아들에게는 남자 어른의 도움이 필요하다. 아들에게는 존경하고 신뢰할 수 있는 역할 모델이 필요하다. 역할 모델은 대체로 가족 내에서 정해진다. 아빠가 역할 모델이 되는 경우가 가장 많다. 하지만 아들의 역할 모델은 아빠가 아니어도 괜찮다. 아들이 존경하고 영향을 받을 만한 어른 남자면 상관없다.

아들이 어른 남자와 강한 유대를 갖게 하고 세상을 배워나가게 해야 한다. 아들이 새로운 것에 도전하도록 격려해주어야 한다. 아들이 어려움에 부닥쳤을 때는 문제 해결을 도와야 한다. 아들은 존경하는 남자의 인정을 받으면 의지가 높아진다. 아들을 있는 그대로 인정해주면 할 수 있다는 자신감이 생긴다. 내가 가치 있는 존재라는 것을 알게 된다. 아들은 어른 남자의 역할 모델을 통해 성장하는 존재이다.

아들이 초등학생이 되면 아빠의 역할이 중요해진다. 이 시기에 아빠는 아들과 시간을 많이 보내야 한다. 함께 운동하며 규칙을 알려주고 낚시를 가거나 여행을 떠나는 것이 좋다. 아빠의 어릴 적 이야기와 실패했던 이야기, 기뻤던 순간, 삶의 가치를 나눠야 한다. 학교에서는 배울 수 없는 세상살이에 필요한 지혜를 가르치는 것이다. 남자들은 감정을 잘 드러내지 않으며 다양한 감정을 하나로 표현하기도 한다. 아빠는 감정을 말로 표현하고 처리하는 모습을 먼저 보여줘야 한다. 아들은 아빠를 관찰하며 감정을 배운다.

아들은 아빠에게 남자라는 사실을 인정받고 싶어 아빠를 모방한다. 세상을 바라보는 관점, 판단의 기준, 행동 규범을 아빠를 보고 배운다. 여성을 대하는 태도, 사랑하는 방법까지 아빠의 영향이 미치지 않는 곳이 없다. 그래서 아빠의 역할 모델은 매우 중요하다. 아빠는 아들에게 훌륭한 역할 모델이 되기 위해 준비해야 한다. 소통하는 법, 자기를 사랑하는 법, 주변 사람들과 잘 지내는 법 등을 아들에게 가르칠 준비를 해야 한다. 아들의 특성에 맞게 아빠는 끊임없이 준비하고 가르치고 소통해야 한다.

아들은 뇌와 호르몬의 영향으로 남성성의 특징을 보인다. 아들은 호기심이 많고 위험한 행동을 즐겨한다. 공격성이 있고, 경쟁하며 승부욕을 표출한다. 아들의 행동을 통제하기만 하면 무기력해질 수 있다. 아들은 어른 남자 역할 모델을 통해 성장해간다. 어른 남자의 모습을 보여주는 가장 가까운 이는 아빠이다. 아빠가 아니어도 아들이 존경하는 사람이라면 역할 모델이 가능하다. 모든 아들이 같은 특성을 보이지는 않는다. 개인별 특성이 다르므로 맞춤형 양육을 하는 것이 중요하다.

아들은 경쟁을 통해
모든 것을 배운다

아들은 자신과 친구, 역할 모델인 아빠, 반려동물까지 모두와 늘 경쟁 중이다. 자신보다 나이가 많거나 적거나 동성이거나 이성이거나 상관없다. 모든 상황에서 경쟁하며 상대방이 진 것을 인정할 때까지 끝장을 본다. 끝장을 보지 못하면 경쟁은 계속 이어진다. 끝없이 이어지는 경쟁은 위험한 상황에 빠지게 하고 곤란한 상황을 만들기도 한다. 아들은 왜 이렇게 경쟁에 집착하는 것일까? 경쟁하도록 프로그래밍되었고 경쟁하며 성장하기 때문이다. 부모는 아들의 경쟁심을 인정하고 바람직한 경쟁을 하도록 가르쳐야 한다. 그게 아들을 잘 키우는 방법이다.

경쟁은 아들의 일부다

뇌에 분비되는 테스토스테론은 아들을 경쟁적으로 만든다. 긴장감을 높이고 방어적 행동, 정신적 흥분을 유발하는 바소프레신Vasopressin

또한 경쟁을 부추긴다. 아들의 일부인 경쟁을 터부시하기보다 경쟁을 통해 성장할 수 있는 환경을 만들어야 한다. 아들은 대그룹에 속하고 싶어 하며 규칙을 가진 문화가 필요하다. 경쟁하고 성공하는 경험을 통해 자존감을 키운다. 경쟁을 바탕으로 관계를 쌓아가고 삶을 배워 간다. 타인과의 경쟁을 통해 자신의 가치를 인식하는 것은 성장에 꼭 필요하다.

경쟁에서 성공을 중요하게 생각하는 아들은 타인에게도 엄격한 기준을 적용한다. 자신의 실수뿐 아니라 타인의 실수도 용납하지 못한다. 자신의 성공이 다른 요인 때문에(사람이든, 상황이든) 방해받았다고 느끼면 분노를 표출하기도 한다. 이는 올바른 경쟁이 아니다. 타인과 협력하며 생각을 맞춰가고 의견을 굽히기도 하면서 지는 법을 배워야 한다. 자기 행동이 타인에게 어떻게 영향을 미치고 어떤 감정을 느끼게 하는지 생각할 수 있어야 한다. 아들은 경쟁을 통해 타인과의 관계 기술을 터득해나가야 한다.

아들은 이기고 싶어서 경쟁한다. 수렵 시대부터 내려오는 남성성은 경쟁에서 이겨야 한다고 부추긴다. 경쟁은 과정을 통해 성장하는 것이 중요한데 결과에만 집중하다 보면 상처만 남는다. 경쟁에서 지면 무력감에 빠지고 자신의 존재의 이유까지 의심하게 된다. 경쟁을 자신을 증명하는 수단으로만 두면 안 된다. 과정 자체를 즐길 수 있어야 한다. 경쟁 결과를 마주하는 부모의 반응에 따라 아들의 관점이 달라진다. 결과에 흔들리지 않는 부모의 태도가 중요하다. 그래야 아들이 결과에 집착하지 않고 경쟁을 즐길 수 있다.

아들은 타고난 공격성을 경쟁으로 풀어나간다. 남성 문화에 적응하고 체계를 받아들이기 위해 경쟁한다. 부모는 아들이 경쟁할 수 있는 상황을 만들고 상대를 찾는 것을 도와야 한다. 아들이 승패를 경험하고 인정할 수 있도록 해야 한다. 경쟁에서 진 것이 곧 도태이고 존재가 부정당한 것이 아님을 알려줘야 한다. 실패 전보다 성장했음을 깨닫게 해줘야 한다. 그래야 아들이 다시 경쟁할 수 있다. 경쟁은 아들의 성장 동력이기 때문에 멈춰서는 안 된다.

경쟁 유발자, 아들의 승부욕

우리 집에 사는 아들 준호는 경쟁심이 강하다. 아빠, 엄마, 집에서 키우는 강아지, 테이블, 엘리베이터까지 세상의 모든 것과 경쟁한다. 배려하는 마음이 커지기를 바라며 데려온 강아지는 가장 센 경쟁 상대다. 놀아주다 살짝 물리기라도 하면 똑같이 응징해야 한다. 어떨 때는 형제가 아닌가 싶을 정도로 열심히도 싸운다.

그리고 엘리베이터와도 경쟁한다. 20층에서 엘리베이터보다 빨리 1층에 도착하겠다고 몇 번이나 계단을 뛰어 내려갔다. 엄마인 나는 도무지 이해할 수가 없다. 이해할 수 없는 이런 행동의 원인은 바로 아들의 승부욕이다.

사전적 정의에 따르면 승부욕은 상대와 경쟁해 승부를 내려고 하는 욕심, 경쟁에서 이기려고 하는 욕심이라고 한다. 승부욕은 아들의 경쟁 유발자이다. 승부욕에서 기인한 경쟁은 성장을 이끌어주는 주요 동기가 된다.

승부욕을 활용하면 성장의 기회로 삼을 수 있다. 적절히 자극한다면 학업과 좋은 습관 형성에 도움이 된다. 이기려고 하는 욕심이지만 발전적 방향으로 이끌어준다면 이기면서 성취까지 하는 경험을 하게 된다. 그러니 아들의 승부욕을 현명하게 활용하면 좋다.

승부욕이 강한 아들은 경쟁에서 지면 과도하게 화를 내거나 울고 자존심 상해하는 모습을 보인다. 이런 아들이 과정에 집중할 수 있게 도와야 한다. 부모는 결과가 아닌 과정을 먼저 살피고 노력을 구체적으로 칭찬해야 한다. 타고난 재능이나 저절로 이뤄진 결과가 아닌, 노력해서 성과를 이룬 과정을 살펴봐야 한다. 그러다 보면 아들은 결과에 집착하지 않게 된다. 아들이 결과론적 사고를 하지 않기 위해서는 경쟁의 목적은 이기는 것이 아니라 과정을 통해 배워나가는 것임을 가르쳐야 한다.

창랑과 위안샤오메이가 함께 쓴《엄마는 아들을 너무 모른다》에 의하면, 승부욕을 조심스럽게 끌어내고 안전하게 인도해야 한다. 아들은 경쟁할 때 상황과 장소에 맞게 행동하고 판단할 수 있어야 한다. 승부욕이 안전하게 발휘되기 위해서 꼭 가르쳐야 하는 게 있다.

첫 번째는 존중이다. 경쟁 과정에서 상대방을 존중하는 태도를 지니게 해야 한다. 두 번째는 자제다. 경쟁의 과정 또는 결과에 만족하지 못하더라도 승복하고 감정을 자제할 수 있어야 한다. 세 번째는 규칙이다. 경쟁에서 아무리 이기고 싶더라도 규칙을 지켜야 하는 것을 가르쳐야 한다.

올바르게 경쟁하기

아들은 눈앞에 닥친 지금 이 순간만 보기 때문에 주변을 돌아볼 여유가 없다. 게임을 할 때도 한 판, 한 판의 승부에 목숨을 건다. 승패에 따라 아들의 기분이 달라진다. 이기고 싶어서 경쟁하기 때문이다. 항상 이길 수는 없지만 즐기면서 할 수 있다는 것을 가르쳐야 한다. 결과에 상관없이 과정 자체를 즐기도록 관점을 전환해야 한다. 스스로와 경쟁하게 해주어야 한다. 자신의 한계를 이겨나가며 성장하는 재미를 알려준다면 올바른 경쟁을 시작할 수 있다. 경쟁은 자기 자신을 뛰어넘는 게 목적임을 이해시켜야 한다.

스포츠나 게임은 경쟁하며 성장할 좋은 기회이다. 스포츠에 참가하면 사회성이 더 발달한다는 연구 결과도 있다. 농구와 축구 같은 팀 스포츠는 대인관계 기술 발달, 협력의 경험, 리더십 향상의 효과가 있다. 스포츠는 규칙을 지키고 책임지는 과정을 통해 사회를 미리 경험할 수 있게 한다. 경쟁심이 강한 아들은 팀 스포츠보다 혼자 할 수 있는 수영, 태권도, 검도 같은 것을 먼저 경험하게 하는 것이 좋다. 자신과의 경쟁을 통해 성취를 경험하며 타인과의 경쟁에 대한 심리적 부담감을 줄여야 하기 때문이다.

아들이 승패를 경험하며 경쟁을 배우는 기회는 가정에서도 만들 수 있다. 가족과 보드게임이나 간단한 게임을 하는 것이다. 적당히 져주거나 이기기도 하면서 승패를 경험하고 대처하는 법을 가르치는 것도 좋은 방법이다. 나 또한 경쟁심이 유독 강한 아들에게 지는 법을 알려주기 위해 보드게임을 활용했다. 보드게임을 하며 아들이 승리를 맛보게 일부러 져주기도 하고, 패배도 경험하게 했다. 아들이 이겼을 때는 승리를 마음껏 축하해줬다. 내가 졌을 때는 '져서 아쉽지만, 다음에 잘해봐야지'라고 다짐하는 모습도 계속 보였다. 이런 경험이 반복되자 준호는 게임에서 져도 승패를 어느 정도 인정할 줄 알게 됐다.

승부욕이 강한 아들은 경쟁을 부추기는 활동보다 어울리며 협력하는 활동을 하게 해야 한다. 협력하고 함께하는 경험은 승부욕을 줄이는 데 도움이 된다. 부모는 경쟁에서 패한 아들에게 실망한 모습을 보이거나 탓해서는 안 된다. 경쟁은 자신을 드러내는 것이 아니라 점검하기 위한 과정임을 가르쳐야 한다. 부모가 먼저 경쟁의 결과에 집착하지 않고 패배를 인정하며 보완점을 찾는 모습을 보여줘야 한다. 말로만 가르치는 것은 효과가 없다.

아들은 경쟁하도록 태어났고 경쟁을 통해 배우며 성장한다. 경쟁은 무조건 나쁜 것이 아니다. 아들에게는 꼭 필요한 동기 요인이다. 승패에 집착한다면 과정에서 배울 수 있는 것을 놓치게 된다. 경쟁을 성장의 요인으로 활용할 수 있게 도와야 한다. 결과가 아닌 과정에 집중하게 가르치고 얻고자 하는 바를 명확히 알려주어야 한다. 아들은 경쟁을 멈추면 더 이상 발전할 수 없다. 부모는 아들이 경쟁할 수 있는 환경을 만들어주고 올바르게 경쟁하는 방법을 알려주어야 한다.

규칙이 있어야
안정감을 느낀다

아들은 정해진 체계가 없으면 불안을 느낀다. 책임자가 없으면 서열을 가리기 위해 싸운다. 아들은 체계와 경계가 필요하다. 경계를 지킬 줄 모르면 사회에 적응할 수 없다. 경계는 아들을 지켜준다. 아들은 규칙을 통해 경계를 배운다. 가정은 아들이 처음 접하는 사회다. 부모는 아들이 가족 규칙을 지키며 경계를 배우도록 도와야 한다. 가족 규칙을 지키는 경험이 체계를 알게 한다. 아들은 규칙이 명확할 때 안정감을 느끼고 행동 지침이 있을 때 안전하다고 느낀다. 요즘 사회는 도덕성의 기준이 모호하다. 이럴 때일수록 부모는 규칙을 확고하게 정해야 한다.

아들과 함께 규칙 정하기

아들에게 규칙을 가르칠 때 중요한 것은 원칙이다. 한 번 정한 규칙은 꼭 지켜야 한다. 부모의 기분과 상황에 따라 달라지면 안 된다. 규칙이 달라지면 아들은 혼란스러워진다. 규칙은 부모도 함께 지켜야 한다. 아들이 부탁한다고 해서 규칙을 풀어주면 원칙이 흔들린다. 원칙이 흔들리면 모든 결정이 힘을 잃는다. 규칙은 그대로 지켜야 한다. 잘 안되더라도 지키기 위해 꾸준히 노력하자. 부모도 아들도 규칙을 지키는 데 익숙해질 것이다. 규칙을 지킬 수 있는 구조를 만들어줘야 한다. 환경이 갖추어지면 아들은 규칙을 잘 지킬 수 있다.

규칙은 아들과 함께 정하는 것이 바람직하다. 사라 이마스Sara Imas가 쓴 《유대인 엄마의 힘》에 따르면, 유대인 부모는 규칙을 일방적으로 정하지 않는다. 아들을 한 명의 주체적인 인간으로 보고 함께 의논하고 결정한다. 따라서 무조건 복종을 강요하지 않는다. '토론'을 통해 규칙의 정당성을 이해시킨다. 규칙을 어겼을 때 일어날 결과도 명확히 알려준다. 결과는 아들의 이익과 직접 관련된 것일수록 좋다. 규칙을 정할 때 아들이 의견을 내게 하면 적극적으로 협력한다. 아들은 규칙을 지켜야 할 합당한 이유가 없으면 받아들이지 않는다. 규칙이 필요한 이유를 구체적으로 설명하라. 최종적으로 아들이 결정할 수 있도록 기회를 주어야 한다.

애덤 프라이스는 《당신의 아들은 게으르지 않다》에서 규칙을 정하는 방법을 소개했다. 심리학자 로즈 그린이 《아이의 대역습》에서 제시한 '세 바구니 기술'이다. 그 내용은 다음과 같다. 먼저 바구니 3개를 떠올린다. 1번 바구니에는 절대 타협할 수 없는 문제를(안전과 관계된) 담는다. 2번 바구니에는 충분히 협상 가능한 문제를 담는다. 3번 바구니에는 아들이 혼자 해결해야 할 문제를 담는다. 이런 방식으로 아들과 규칙을 정해보자. 정한 규칙은 잘 보이는 곳에 두어 잊지 않게 한다. 아들은 더 주체적으로 규칙을 지키게 된다.

아들은 질서를 좋아해서 일정에 민감하다. 같은 때 같은 일을 하고 싶어 한다. 식사, 공부, 자는 시간이 정해져 있으면 편안하게 느낀다. 규칙이 있으면 하기 싫은 일도 받아들인다. 규칙을 지키며 '습관'이 생기기 때문이다. 생활 습관(양치질, 목욕, 잠자기)이 생기면 자기 관리 습관으로 이어진다. 규칙 준수는 초등학교 저학년 때 습관화해야 한다. 필요성을 꾸준히 설명하고 모범을 보여야 한다. 잘되지 않더라도 직접 할 기회를 줘야 한다. 아들은 실패하더라도 스스로 방법을 찾는다.

정해진 규칙 지키기

규칙은 간단하고 명확해야 한다. 아들은 정해진 규칙이 있을 때 동기부여된다. 그래서 아들에게는 구체적인 지침과 계획이 필요하다. 그러나 계획을 세우고 지키는 것에 서툴다. 아들에게 무엇을 어떻게 해야 할지 구체적으로 알려줘야 한다. 일정에 민감한 아들을 위해 일정표를 벽에 붙여두자. 일과표와 매일 해야 할 일을 함께 작성해보자. 규칙을 잊기 전에 일깨워주는 것도 중요하다. 지키지 않은 다음에 야단치기보다 미리 알려주는 것이 효과적이다. 암시를 주고 깨닫도록 할 수도 있다. 말로 하기 전에 눈빛을 먼저 보낸다거나, "알지?"라고 한마디 정도 하면 아들은 잊고 있던 규칙을 떠올린다. 스스로 할 기회를 주는 것이다.

아들은 지속해서 규칙을 어기려고 한다. 아들의 시험이 계속되면 더 강하게 규칙을 적용해야 한다. 규칙과 행동 범위를 일깨워줘야 한다. 규칙을 지키지 않아서 생기는 결과를 직접 경험하게 하자. 자기 행동으로 인한 결과를 겪어보지 않으면 책임감을 느끼지 못한다. 규칙을 어겨 제재를 가할 때는 구체적으로 이유를 알려줘야 한다. 아들과 문제에 관해 의견을 나누는 것도 좋은 방법이다. 규칙을 어겨 발생한 문제의 해결 방법을 함께 찾자. 이런 과정을 통해 아들은 규칙을 내면화한다.

아들에게 행동 관리 방식을 활용해도 좋다. 나이젤 라타는 《엄마, 아들을 이해하기 시작하다》에서 아들에게 효과가 좋은 사다리 기법을 소개한다. 종이 위에 시간 사다리를 그린다. 사다리 맨 위 칸에 아들의 취침 시간을 적고 30분 단위로 한 칸씩 아래로 내려온다. 맨 아래 칸에는 학교에서 돌아오는 시간을 쓴다. 사다리 맨 위 칸에 깃발을 둔다. 아들이 규칙을 지키지 않을 때마다 깃발을 한 칸씩 아래로 내린다. 깃발이 현재 시각에 도달하면 무조건 자러 가야 한다. 단, 노력 보상 행동을 하면 깃발을 올려준다. 노력 보상 행동은 미리 구체적으로 정해둔다. 사다리 기법은 구조가 명확해서 이해가 쉽고 동기 부여 효과가 크다.

규칙을 지키는 것은 중요하나 억압하지는 않아야 한다. 아들은 원하는 게 있을 때 조금만 허락해줘도 금방 수용한다. 규칙을 위해 무조건 금지만 하면 아들은 더 불안해진다. 기준을 정해두어야 한다. 규칙의 범위에서 자유를 누릴 수 있는 기준이다. 타인에게 폐를 끼치거나 위험한 게 아니라면 조금은 융통성을 발휘하자. 예를 들면 1시간 공부하면 30분 동안 게임을 할 수 있게 해주는 것이다. 규칙은 지키되 조금 양보하는 것이다. 공부하고 나면 즐거운 일이 생긴다고 기억하게 된다. 계속 공부할 동기가 생기는 셈이다.

아들이 규칙을 잘 지키기 위해서는 신뢰가 중요하다. 부모가 아들을 신뢰하는 모습을 보여줘야 한다. 규칙을 지키고 성공하는 경험은 자신을 신뢰하게 만든다. 아들이 자신에 대한 긍정적 기대를 하게 해야 한다. 스스로 규칙을 지킬 수 있다고 믿게 해야 한다. 규칙을 세우고 지키는 것은 짧은 시간에 이뤄지지 않는다. 아들은 도전하고 실패하고 다시 나아가며 스스로를 다듬어간다. 과정이 지루하고 힘들 수 있다. 그러나 아들이 사회에서 책임감 있는 어른으로 살아가기 위해서는 꼭 필요한 과정이다.

TIP 규칙을 지키지 않을 때는 이렇게 해봐요

① 아들이 좋아하는 일을 할 수 있는 권리를 잠시 빼앗으세요. 규칙을 지키지 않으면 하고 싶은 일을 할 수 없다는 걸 알려주어야 해요. 이런 과정은 아들이 책임과 의무를 배울 수 있게 해요.

② 규칙을 기록하세요. 부모와 자녀가 지켜야 하는 약속을 문서로 기록하는 거예요. 종이에 써서 게시판에 붙일 수도 있고 노트를 만들 수도 있어요. 뭐가 됐든 글로 남기는 게 중요해요. 말로만 하는 약속은 시간이 지나면 서로의 기억에서 달라지기 때문이에요.

2장

아들의
감성 지수를
높이는 법

감정 관찰, 아들은
잘 표현하지 않는다

아들은 태어나면서부터 가부장적인 남성성을 강요받는다. 아들은 꾸준히 자신의 가치를 증명해내야 한다. 아들은 감정 표현에 둔하게 사회화되어 잘 표현하지 않는다. 표현하더라도 솔직하게 하지 않는다. 자신을 보호하기 위해 포장한다.

감정은 느낌이 아니다. 뇌가 기억하는 신체적 반응이자 정보의 집합이다. 연구 결과에 따르면 감정을 쌓아두면 우울감은 커지고 자존감이 낮아진다.

아들의 건강을 위해 감정 표현과 조절은 중요하다. 내 감정을 인식하는 게 우선이다. 내 감정을 알아야 타인의 감정을 이해할 수 있다. 그래야 공감이 가능해지고 진정한 소통을 할 수 있다.

표현하지 않아도 감정은 있다

아들은 슬프거나 두려워도 표현하지 않는다. 내면보다 외부에서 원인을 찾으려고 한다. 사회 구조나 타인을 비판하며 감정을 숨긴다. 감정을 표현하면 사회에서 뒤처진다고 생각해서다. 감정을 감추고 아무렇지 않은 척하다 결국 곪아 터진다. 자신의 감정을 이해하지도 표현하지도 못한다. 아들은 감정을 감추는 것이 익숙하다. 감정을 감춰 내면의 불완전함과 두려움을 드러내지 않으려고 한다. 감정으로 나타나는 근본적인 생각이나 가치도 표현하지 않는다. 그렇지만 아들에게도 감정은 있다.

아들은 주로 행동과 관련된 말을 한다. 감정과 관련된 말은 매우 적은 편이다. 아들은 "게임 할래?", "놀자!", "축구 하고 싶어"라고 말한다. 그러나 "너랑 놀지 못해 아쉬워"라고 표현하지는 않는다. 표현이 서툴다고 생각하고 그냥 두면 안 된다. 자기감정뿐 아니라 타인의 감정도 이해하지 못하게 된다.

감정 인식과 표현에도 연습이 필요하다. 미국 서던캘리포니아대학교 인지심리 연구팀에서는 남자가 스트레스를 많이 받으면 감정을 겉으로 잘 드러내지 않는다고 밝혔다. 그리고 다른 사람의 기분을 헤아리는 능력도 떨어진다는 연구 결과도 발표했다.

아들은 자신의 감정에 둔하다. 도움이 필요해도 표현하지 못한다. 감정적 어려움이 해결되지 않으면 퇴행 행동을 한다. 이를 통해 불안이나 화나는 감정을 해결하려 한다. 틱과 같은 행동은 내 감정을 알아달라는 신호다. 무조건 정신적 문제로 치부하지 않아도 된다. 감정이 어떠한지를 살펴줘야 한다.

준호는 코로나19 이후 혼자 온라인 수업을 했다. 한 달 정도 후 갑자기 이상한 소리를 내기 시작했다. 상담을 요청한 정신과 의사는 스트레스 상황이 아닌지 살펴보라고 했다. 아들과 이야기해보니 처음 해보는 온라인 수업을 혼자 해야 하는 부담감이 크다고 했다. 쌓여가는 숙제로 힘들었던 감정이 퇴행 행동으로 나타난 것이었다. 온라인 수업을 고모가 도와주고 퇴근 후 함께 과제를 봐주자 이상한 소리가 없어졌다.

아들은 행동과 감정을 구분하지 못한다. 어떤 감정을 느끼면 어떻게 행동해야 할지를 모른다. 아들은 감정을 처리하는 나름의 방식이 있다. 첫 번째는 행동으로 분출한다. 소리를 지르거나 주먹으로 책상을 친다. 이 경우 행동 외에도 감정을 표현할 방법이 있음을 가르쳐야 한다. 두 번째는 감정적 반응을 자제한다. 문제 해결이 우선이어서 감정적 반응은 늦추려고 한다. 이때는 문제 해결과 감정의 표현은 별개임을 인지시킨다. 세 번째는 자신만의 동굴에 숨는다. 이럴 때는 끌어내려고 하지 말고 기다려줘야 한다. 하지만 해결해야 하는 책임이 있다는 것을 잊지 않게 한다.

아들만의 방식을 존중해주되 감정에 따라 어떻게 반응하고 행동해야 하는지는 가르쳐야 한다.

감정을 관찰하고 읽어줘야 한다

아들은 표현하지 않아서 감정을 읽기가 어렵다. 답답해진 부모는 말하라고 추궁하기 시작하고 아들의 입은 더 굳게 닫힌다. 자발적으로 표현하지 않을 때 억지로 시키면 안 된다. 아들은 혼자 정리할 시간이 필요할 뿐이다. 잠시 기다려주면 된다. 아들을 위한다는 핑계로 부모의 호기심을 채우려고 하지 마라. 부모라는 이름으로 모든 걸 알려고 하지 마라.

아들을 잘 관찰하면 감정을 읽을 수 있다. 들뜬 건지, 기쁜 건지, 실망스러운 건지, 속상한 건지 말이다. 미묘해서 확신이 힘든 감정도 아들을 살피면 보인다.

아들에게 문제가 있어 보일 때는 마냥 기다릴 수 없다. 그땐 직접 물어보는 것이 낫다. 대부분의 어린 아들(중학교 이하의)은 단순한 질문에 대답한다. 문제에 대해 말하지 않는다면 재촉하지 말자. 다른 방법을 활용하면 된다. 함께 운동이나 스킨십이 있는 활동을 한 뒤 다시 묻자. 아들은 긴장이 풀리면 이야기를 더 잘한다.

아들은 감정을 표현하면 약해 보일 거라는 두려움을 갖고 있다. 감정을 감추지 않아도 된다는 것을 인식시켜야 한다. 아무 일이 없어도 한 번씩 아들의 감정을 물어보자. 감정을 인식하고 표현하는 게 일상화되어야 한다.

아들이 자기감정을 인식하고 표현하기 위해서는 부모가 감정을 읽어줘야 한다. 아들의 감정을 읽어줄 때는 부모의 감정과 분리해야 한다. 감정 이입이 되어버리면 아들의 본질적인 감정의 실체를 알기 어렵다. 감정을 명확히 해야 하는데 더 복잡해지는 것이다. 부모가 자신의 감정을 인식해야 아들의 감정을 알아챌 수 있다.

감정을 읽어주는 경험이 쌓이면 아들은 자기감정을 인식할 수 있게 된다. 이때 필요한 것이 감정의 명명화다. 감정에 이름을 붙여주는 것이다. 이름을 붙이다 보면 감정의 본질을 알 수 있다. 이성적으로 감정을 판단할 수 있게 되는 것이다. 아들뿐만 아니라 부모도 감정의 명명화를 연습해야 한다.

감정을 읽어줄 때 실수 중 하나가 옳고 그름을 따지는 것이다. 감정은 옳고 그른 것이 없다. 부정적인 감정은 나쁜 게 아니다. 마음을 살펴달라는 구조 신호이다. 부정적인 감정을 억압하면 그런 감정을 품은 자신을 나쁘게 생각한다. 무시하거나 억압하지 말고 공감해줘야 한다. 감정을 느낀 순간에 바로 표현해야 조절도 할 수 있다. 감정을 평가하지 말고 그에 따른 행동의 옳고 그름을 가르쳐야 한다. 감정은 부모가 지배할 수 없다. 감정은 온전히 아들의 것이다. 부모에 의해 좌우되어서는 안 된다. 아들에게도 감정은 자신의 것이니 타인에게 휘둘려서는 안 된다고 가르쳐라.

아들의 감정 표현을 돕는 법

① 아들의 감정을 관찰하고 읽어주세요

아들은 감정에 둔하고 표현에 약하므로 감정을 말하라고 추궁하면 안 돼요. 기다려주며 아들의 감정을 관찰하고 읽어주는 게 중요해요. 평소에 한 번씩 아들의 감정을 물어보며 아들이 감정을 인식하고 표현하는 데 익숙해지게 돕는 게 중요해요.

② 아들의 감정을 읽어줄 때 부모의 감정과 분리해야 해요

아들의 감정을 읽어주다 감정 이입이 되는 경우가 많아요. 결국, 부모의 감정 폭발로 이어지고 더 복잡해져버리죠. 부모도 자기의 감정을 인식하는 연습이 필요해요. 그래야 아들의 감정과 분리해서 읽어줄 수 있어요.

③ 감정을 평가하지 마세요

아들의 감정을 평가하면 안 돼요. 감정은 옳고 그른 것이 없어요. 있는 그대로 인정해주되 감정에 따른 행동의 옳고 그름을 알려주세요. 감정은 자신의 것이니 타인에게 휘둘리면 안 된다는 것도 알려주세요.

정서 안정을 위한
감정 표현법 훈련

아들은 감정 표현을 잘 안 하기 때문에 감정을 읽어줘야 한다. 이와 함께 감정 표현법을 알려주는 것이 매우 중요하다. 감정은 자극에서 시작한다. 자극이 생기면 뇌의 편도체에서 반응하고 호르몬(세로토닌, 도파민 등)이 분비된다. 그러면 감정적 반응이 일어난다. 편도체가 감정을 관장하며 전전두피질이 감정을 조절한다.

미국 LA 캘리포니아대학 심리학과 매튜 리버먼 교수팀의 연구 결과에 의하면 감정을 표현하면 편도체와 우측 전전두피질이 상쇄 작용을 한다. 우측 전전두피질에서 느끼는 불쾌한 감정이 줄어드는 것이다. 즉 슬프거나 화가 나는 감정을 다른 사람에게 말하면 감정을 조절하는 데 도움이 된다.

감정 표현의 원칙

아들은 타고난 남성성으로 인해 감정을 솔직하게 표현하지 않는다.

자기감정을 인식하고 표현하게 하려면 어렸을 때부터 가르쳐야 한다. 감정은 표현해야 하는 것임을 인지시켜야 한다. 감정을 표현할 때 타인에게 불편을 주면 안 된다는 것도 가르쳐야 한다. 자기감정에 솔직한 것은 좋지만 타인의 감정도 고려해야 한다는 것을 알려주자.

아들은 에너지를 표출하면서 감정을 해소한다. 감정을 표현하기 어려워하면 몸을 움직이게 하면 된다. 신체 활동을 하며 감정을 표출하는 것도 감정 표현의 좋은 방법이다. 부정적 감정을 바로 해결하지 않으면 내면에 쌓인다. 내 안의 '화'를 알지 못하고 남 탓을 하며 욱하는 모습을 보이게 된다.

아들이 원할 때는 언제든 감정 표현을 할 수 있도록 집안 분위기를 만들어야 한다. 일상에서 부모가 감정을 솔직하게 표현하는 모습을 보여야 한다. 아들이 감정을 표현할 때 비난당하거나 거절당할까 봐 걱정하지 않게 해야 한다. 아들의 대답이 마음에 들지 않을 수도 있다. 그렇다고 "그게 말이 되니, 얘기하기 싫어?"와 같은 말을 하면 안 된다. 지레짐작하고 넘겨짚어서도 안 된다. 더 이해받지 못한다고 생각하게 만들 뿐이다. 감정을 비난해서도 안 된다. 자신의 존재 가치를 비난하는 것처럼 받아들인다.

보모는 아들이 자신의 감정을 느낄 수 있도록 도와야 한다. 무엇을 느끼는지 자주 물어봐야 한다. 아들이 느끼는 감정을 표현하도록 격려해야 한다. 긍정적인 감정, 부정적인 감정 모두 인정할 수 있게 해야 한다. 부정적인 감정을 무조건 참으라고 하면 안 된다.

먼저 감정을 받아들이고 조절하게 해야 한다. 그러면 표현하는 방식도 달라진다. 화가 나거나 눈물을 흘릴 때 아들이 그 감정을 받아들일 시간을 줘라. 가라앉으면 아들에게 물어본다. "왜 눈물이 났니?", "화가 난 이유를 말해줄 수 있니?"라고 존중하는 태도로 물어봐야 한다. 아들의 이야기를 듣고 감정을 설명해주면 아들은 자신의 감정을 이해하고 안정감을 찾는다.

준호가 다니던 영어 공부방은 단어 시험에서 1등을 하면 문화상품권을 줬다. 한번은 시험에서 자주 1등을 하던 친구가 몰래 책을 훔쳐보는 모습을 준호가 봤다. 집에 돌아와서 시험 결과를 묻자 짜증을 냈다. 준호의 모습에 나도 화가 났지만 일단 기다려줬다. 저녁을 먹고 표정이 좀 나아 보여 말을 걸었다. "오늘 무슨 일이 있었니? 아까 좀 짜증이 나 보이던데." 준호는 뜸을 들이더니 공부방에서의 일을 이야기했다. "그 모습을 보고 무슨 생각이 들었어?"라고 되물었다. 준호는 자신의 감정을 어설프게 나열했다. 내가 다시 "무척 실망스럽고 억울했겠구나"라고 감정을 읽어줬다. 준호는 자신의 감정을 정확히 마주하고 안정감을 찾았다.

감정 표현력 키우기

감정 표현력을 키우기 위해서는 아들의 감정을 언어화해줘야 한다. 먼저 이야기를 집중해서 들어준다. 다 듣고 나면 이야기를 정리하고 감정을 구체적으로 표현해준다. "친구가 약속을 어겨서 실망했구나", "엄마가 대답하지 않아서 화가 났구나"처럼 말이다. 그러면 아들이 자신의 감정을 인식(나는 화가 났구나)하게 된다. 감정을 전달(친구가 약속을 안 지켜서 실망했어요)하고 욕구(약속을 잘 지켰으면 좋겠어요)를 말할 수 있게 된다. 아들이 표현하지 않더라도 감정을 살펴서 말로 표현해줘라. 표정이 좋지 않은 아들에게 "화가 나 보이는구나", "표정을 보니 속상해 보이는구나"라고 말이다.

부모는 아들의 특성에 따라 감정 표현법을 알려줘야 한다. 아들에게 맞지 않는 방식을 강요하면 더 어렵게 느낀다. 감정을 표현하기 전에 스스로 질문하는 습관을 들여야 한다. 내가 왜 이런 기분이 드는지, 강도가 어느 정도인지를 질문하게 하라. 질문하면 답을 찾기 위해 자신의 감정에 대해 생각하게 된다. 감정의 본질에 접근하게 되는 것이다. 자신의 감정을 이해하면 표현하기도 쉬워진다. 다양한 감정 단어를 접할 수 있게 하라. 아들은 사용할 수 있는 단어가 많지 않아 감정 표현을 어려워한다. 감정 단어를 많이 알게 되면 표현도 풍부해지고 자신감도 생긴다.

감정 표현력을 키우는 좋은 방법은 글로 표현하는 것이다. 언어로 표현하면 감정을 객관적으로 볼 수 있게 된다. 감정이 순화되어 사라지기도 한다. 반성문이나 일기장을 쓰는 것이 도움이 된다. 다른 하나는 감정 온도계를 활용하는 것이다. 감정 온도계는 특정 상황에서 어떤 감정을 느끼는지 알 수 있다. 평상시의 감정을 온도로 표현해 감정 상태를 점검할 수도 있다. 감정 온도계를 활용하면 감정 정도를 명확하게 알 수 있다. 같은 상황이라도 사람마다 느끼는 감정은 다르다. 감정 온도계는 타인의 감정을 이해하는 데도 도움이 된다. 감정 포스터의 활용도 가능하다. 표정을 나타내는 이모티콘을 활용해 감정을 표현하는 것이다.

준호는 감정 표현에 미숙하다. "학교에서 어땠니?"라고 물으면 "재밌었어"라고만 말한다. 학원에서도 수영장에서도 성당에서도 "재밌었다"뿐이다. 다르게 표현하는 걸 들어본 적이 없다. 야단을 치면 늘 눈물이 먼저 떨어진다. 울음으로 감정을 표현한다. 감정을 어떻게 표현해야 할지 모르는 것이다.

준호가 부정적 감정을 표출할 때는 나도 같이 스트레스를 받았다. 준호를 앉혀놓고 "왜 그러니? 그렇게 화만 내지 말고 이야기해"라며 닦달하기도 했다. 그러자 준호는 감정을 숨기기 시작했다. 그때부터 준호의 감정을 읽어주고 표현해줬다. 말을 할 때까지 기다려줬다. 준호는 아직도 미숙하지만, 예전보다는 감정을 잘 표현한다.

아들은 감정을 솔직하게 표현하지 못한다. 자신의 감정을 인식하기도 어려워한다. 감정은 표현해야 하는 것임을 교육을 통해 가르쳐야 한다. 가정에서는 언제든 자유로운 감정 표현이 가능해야 한다. 아들이 감정을 표현할 때 부정적인 반응을 보이면 안 된다. 아들의 이야기를 잘 듣고 감정을 언어로 표현해줘야 한다. 자신의 감정을 언어화해주면 아들은 그제야 자신의 감정을 깨닫게 된다.

감정을 표현했을 때 다른 사람이 인정해주는 경험은 감정 발달에도 도움이 된다. 감정 표현력을 키우기 위해 스스로 질문하게 하자. 글로 써보거나 다른 도구를 활용해도 좋다. 다양한 시도가 아들의 감정 표현력을 높여준다.

🔍TIP 감정 단어, 아들에게 가르쳐주세요

감정	감정을 표현하는 단어
기쁨, 행복함, 즐거움	기쁘다, 벅차다, 편안하다, 유쾌하다, 즐겁다. 재미있다, 흐뭇하다, 날아 갈 것 같다, 만족스럽다, 살맛 난다, 아늑하다, 느긋하다, 훌륭하다, 정답 다, 화사하다, 평화롭다, 안전하다, 안심된다, 짜릿하다.
분노, 미움	열 받는다, 답답하다, 속상하다, 괘씸하다, 지겹다, 불쾌하다, 불편하다, 싫증 난다, 찝찝하다, 억울하다, 심술 난다, 언짢다, 신경질 난다, 안 좋다, 골치 아프다, 숨 막힌다, 분하다, 귀찮다, 기분 나쁘다, 미칠 것 같다, 부담 스럽다, 못마땅하다, 역겹다, 원망스럽다, 속이 부글부글 끓는다, 구역질 난다.
두려움, 고통, 불안, 무서움	당황스럽다, 무섭다, 곤혹스럽다, 겁난다, 소름이 끼친다, 긴장된다, 어이 없다, 조급하다, 걱정스럽다, 막막하다, 참을 수 없다, 가혹하다, 난처하 다, 섬뜩하다, 떨린다, 기가 막히다, 간담이 서늘하다, 애간장이 탄다.
수치심, 죄책감, 의심, 부끄러움, 의아함	죄책감이 느껴진다, 쑥스럽다, 민망하다, 뻔뻔스럽다, 한심하다, 미안하 다, 창피하다, 미심쩍다, 서투르다, 조롱당했다, 아리송하다, 자책한다, 죄 스럽다, 계면쩍다, 막막하다, 혼돈스럽다, 의심스럽다, 쥐구멍을 찾고 싶 다, 절망적이다, 이해할 수 없다, 이상하다, 묘하다, 얼굴이 화끈거린다.
슬픔, 좌절	가엾다, 측은하다, 캄캄하다, 혼자인 것 같다, 뭉클하다, 눈물겹다, 울고 싶다, 북받친다, 쓸쓸하다, 주눅 든다, 공허하다, 속 썩는다, 가슴 아프다, 비참하다, 참담하다, 허전하다, 애석하다, 마음이 무겁다, 아무 소용없 다, 서럽다, 한스럽다, 풀이 죽다, 암담하다, 절망스럽다, 맥 빠진다, 울적 하다, 목이 멘다, 쓰라리다, 가슴이 저민다.
그 밖의 감정	맥이 풀린다, 낙담했다, 그저 그렇다, 녹초가 됐다, 벼랑에 선 듯하다, 혼 란스럽다, 무관심하다, 쉬고 싶다, 의기양양하다, 활기차다, 강렬하다, 열 렬하다, 당당하다, 훈훈하다, 얼떨떨하다, 조마조마하다, 찝찝하다, 통쾌 하다, 야속하다, 설레다, 안쓰럽다, 보고 싶다.

감정 조절
가르치기

앞서 살펴본 바와 같이 아들과 딸은 뇌 구조가 다르다. 딸은 아들보다 언어 발달이 빠르고 좌뇌와 우뇌가 더 많이 연결되어 감정과 이성의 균형이 잘 이뤄진다.

또한 사회적 분위기상 딸의 감정 표현은 더 허용적이다. 그러다 보니 아들보다 딸이 감정 표현과 조절을 더 잘한다. 정신 장애의 85%가 감정 조절 능력과 관련 있다고 한다. 감정 조절이 잘 안 되면 정신 장애(우울, 불안, 스트레스 등) 발병률이 높아지는 것이다. 정신 장애 평생 유병률은 남자가 여자보다 높게 나타난다. 아들의 감정 조절에 관심을 가져야 하는 이유 중 하나이다.

감정은 표현해야 발달한다. 그러나 모든 감정을 있는 그대로 표현할 수는 없다. 잘못된 감정 표현은 자신과 타인에게 상처를 주기 때문에 감정 조절이 필요하다. 감정 조절은 부정적 감정을 억누르고 긍정적 감정만 선택하는 것이 아니다. 감정을 정확히 인식하고 상황에 맞는 적절한 반응을 하는 것이다.

감정 조절은 어른에게도 여전히 어렵다. 하물며 아직 마음이 단련되지 않은 아들에게는 어떨까. 넘기 힘든 벽처럼 느껴질 것이다. 감정을 왜 조절해야 하는지도 모른다. 감정을 표현하라고 하면서 조절도 하라고 하는 어른들의 요구는 더욱 어렵다. 아들에게 감정 조절이 왜 필요한지, 어떻게 해야 하는지를 가르쳐줘야 하는 이유다.

감정 조절이 필요한 이유

감정은 없앨 수 없다. 감정은 현재 자신과 자신을 둘러싼 상황에 대한 인식이다. 감정을 조절하는 방법을 알지 못하면 상황을 회피하게 된다. 자기 생각과 결과가 다르면 공격적인 반응을 보인다. 실패를 인정하고 싶지 않아 타인에게 의존하기도 한다. 자기감정을 인식하고 조절하지 못하면 자신과 주변 사람까지 힘들게 한다. 짓궂은 아이들은 감정 반응이 큰 아이를 더 놀리고 자극한다. 반복되다 보면 예민한 아들은 점점 상처받게 된다. 건강하게 성장하려면 자기감정을 인식하고 조절할 수 있어야 한다. 아들에게 흥분하지 않고 침착하게 대처하는 방법을 가르쳐주어야 한다.

준호도 감정 반응이 크다. 실컷 잘 놀다가도 감정이 상하면 매우 크게 반응한다. 친구와 장난을 치다 놀림을 받자 화를 버럭 냈다. 그 뒤로 친구는 더 자주, 높은 강도로 놀리기 시작했다. 준호의 반응도 점점 격해졌다. 그런 일이 반복되자 준호는 화를 잘 내는 아이가 되어버렸다. 작은 일에도 흥분하고 반응이 거세다. 자기 마음대로 되지 않으면 불편함을 숨기지 못한다. 부정적 감정이 생기면 어떻게 처리해야 할지를 모른다. 그럴 수밖에 없다. 가르쳐준 적이 없었으니까.

돌이켜보니 준호와 '감정'에 대해 이야기 나눈 적이 없었다. 특히 부정적 감정을 어떻게 다뤄야 하는지 말이다. 감정을 다루는 방법에 대해 계속 알려주자 준호도 조금씩 달라졌다. 화가 나도 스스로 풀어내는 방법을 찾게 되었다.

부정적 감정은 상황에 맞지 않는 행동을 유발한다. 부적절한 행동은 자신과 타인에게 상처를 준다. 많은 사람이 부정적 감정을 느끼면 제일 먼저 참는 것을 선택한다. 당장 직면한 일이 아니니 해결된 것 같아서다. 감정을 제대로 바라보지 않고 우선 참는 태도는 바람직하지 않다. 감정을 참으면 주변에서 감정을 잘 조절한다고 평가한다. 사실은 자신을 파괴하고 있는데 말이다. 감정이 쌓이면 언젠가는 터져 나온다. 감정에 휘둘리는 행동으로 이어진다.

아들이 기분이 나쁠 때는 이야기를 하도록 해야 한다. 아들이 부정적 감정을 표현하면 이해한다고 말해주고, 진정할 때까지 기다려준다. 상황을 차분히 바라보고 판단할 수 있게 도와준다. 준호도 여전히 감정에 휘둘리지만, 이해해주고 기다려주었더니 예전보다 자기의 감정을 조절할 줄 알게 됐다.

가끔 아들이 감정을 폭발시키는 때가 있다. 울며 떼를 쓰면 부모는 순간을 넘기기 위해 아들이 원하는 대로 해준다. 그러면 아들은 원하는 것이 있을 때마다 똑같이 행동할 것이다. 아들의 감정에 휘둘리면 안 된다. 아들이 감정에 휘둘리게 돼서도 안 된다.

아들이 자신의 감정을 제대로 마주하고 조절할 수 있도록 가르쳐야 한다. 자신의 감정을 이해하지도 조절하지도 못하는 아들은 무력해진다. 어려운 상황이 닥쳤을 때 아무런 노력도 하지 못하고 포기하고 만다. 자신의 감정을 솔직하고 정확히 인식하되 표현과 행동에는 주의를 기울여야 함을 가르치자.

감정 조절, 이렇게 할 수 있다

부모는 아들에게 합리적으로 감정을 조절하는 방법을 알려주어야한다. 화를 내지 않아도 문제가 해결될 수 있다는 점을 가르쳐야 한다. 조절은 자기감정을 다스리려는 노력을 말한다. 보통 상황이 감정을 유발한다고 생각한다. 그러나 감정은 상황을 어떻게 받아들이고 이해하느냐에 따라 달라진다. 이를 인지적 재평가라고 한다. 즉 감정을 무시·억압하지 않고 상황의 해석을 바꿔 감정을 변화시킨다는 의미다. 상황을 차단하고 해석해 감정을 변화시킴으로써 감정을 조절할 수 있다.

감정 조절의 첫 번째 단계는 감정 조절이 언제 안 되는지를 보는 것이다. 신체적·감정적 반응을 살펴보고 감정 조절 상태를 인지해야 한다. 먼저 아들이 화를 내는 상황을 차단해야 한다. 아들에게 불편한 감정을 솔직하게 표현할 기회를 주자. 감정을 말로 표현하면 생각이 정리된다. 흥분 상태에서 벗어나고 자기주장의 오류를 발견하기도 한다. 감정에 거리를 두고 현상으로 바라보는 방법을 알려주자. '내가 화가 났구나'가 아닌 '나한테 화라는 감정이 있구나'라고 바라보게 하는 것이다. 그러면 자신의 감정 조절 상태를 인지할 수 있게 된다. 감정을 조절할 여지가 생기는 것이다.

화를 내는 아들에게 왜 화를 내냐고 따지지 말자. 화났다는 걸 충분히 알겠다고 일단 공감해주자. 진정되면 이야기를 들어주자. 그리고 이성적으로 감정을 해소하는 방법을 알려주면 된다. 호흡하며 마음을 가라앉히는 방법, 울고 비워내는 방법, 바람을 쐬는 방법, 친구와 수다 떠는 방법 등을 가르쳐주자. 자주 화를 낼 때는 화를 낸 시간과 장소, 상황을 적어보게 하자. 그러면 상황을 객관화시킬 수 있다. 내가 어떤 상황에서 화를 내는지 알게 되면 그 상황을 피할 수 있게 된다. 감정이 조절되는 것이다.

감정 조절을 잘하는 아들로 키우고 싶으면 부모가 모범을 보여야 한다. 아들 앞에서 감정적으로 대처하는 모습을 가능하면 보이지 말아야 한다. 아들은 화를 내는 부모의 모습을 기억한다. 그리고 그대로 따라 한다. 부모가 감정을 다스리지 못하면서 제대로 하라고 교육할 수는 없다. 화가 나는 상황이 발생할 때 상대방의 입장을 고려하는 모습을 보여줘라. 길을 가다 부딪혔다면, "나를 보지 못했나 봐", "무척 급한 일이 있나 봐" 등으로 이해하는 모습을 보이는 것이다. 너무 화가 날 때는 "엄마는 지금 화가 많이 나서 나중에 다시 이야기하는 게 좋겠구나"라고 잠시 감정을 다스릴 여유를 찾는 것도 좋은 방법이다.

감정을 살피고, 이해하게 하라

아들에게 감정을 물어보면 대답하기 어려워한다. 그럴 때 현재 상황에서 예상되는 아들의 감정을 읽어주면 효과적이다. 울고 있는 아이에게 "속상하구나", "슬픈 일이 있었구나"처럼 감정을 반영해주는 것이다. 아들이 자기 이야기를 털어놓으면 아들이 쓰는 말을 그대로 다시 말해준다. "화가 나고 속상한 일이 있었어요"라고 하면 "화가 나고 속상했구나"라고 되받는 식이다. 그러면 아들의 감정이 가라앉기 시작한다. 바로 메아리 대화법이다. 아들이 인지하지 못하는 감정을 읽어주면 자기감정을 잘 들여다볼 수 있게 된다. 자신의 감정을 알면 다른 사람의 감정도 한결 이해하기 쉬워진다.

상대방의 감정을 살피고 이해할 수 있다면 감정 조절에 도움이 된다. 자주 화를 내는 아들은 상대방이 고의 또는 악의를 갖고 있다고 생각한다. 준호는 저학년 때 화를 잘 내는 아이였다. 학교에서 친구들이 우연히 부딪혀도 일부러 친 거로 생각했다. 그렇게 생각하니 당연히 화가 나고 똑같이 갚아주려고 했다. 결국은 친구들과 다툼으로 이어졌다.

한파가 몰아치는 겨울에도 학교에 롱패딩을 입고 가지 않았다. 뒷자리에 앉은 친구가 발을 뻗어 패딩을 더럽히는 게 싫어서였다. 그것도 친구가 일부러 그런다고 생각해 예민해져 있었다.

준호에게 친구들의 입장에서 생각해보게 했다. 자신도 책상 사이를 지나다닐 때 다른 친구나 물건에 부딪힌 적이 있다고 했다. 그때 일부러 부딪혔는지 묻자 아니라고 했다. 그러면 다른 친구가 부딪힌 것도 우연이었을 수 있다고 말해주었다. 패딩을 발로 차는 것도 친구에게 하지 말라고 요청해보도록 했다. 친구는 다리가 아파서 발을 뻗느라 그랬다며 사과를 했다. 준호의 마음은 눈 녹듯 풀렸다. 우연한 사고였고 오해였다는 것을 알게 되자 비슷한 일이 일어나도 화를 내는 빈도가 줄었다. 한번은 내가 준호한테 생긴 일로 화를 내자 오히려 준호가 친구를 두둔하기까지 했다. 상대방의 상황과 관점을 이해하면 아들은 감정을 조절할 수 있게 된다.

감정을 표현할 때 긍정적 단어를 사용하면 조절이 쉬워진다. 자신의 감정을 솔직히 표현하는 것은 중요하다. 다만 감정은 주관적이기 때문에 타인과 소통할 때는 주의해야 한다. 그래서 다른 사람에게 감정을 표현할 때는 객관적인 단어를 활용하도록 가르치는 게 좋다. "더럽다"가 아닌 "무엇이 묻었다", "시끄럽다"가 아닌 "소리가 크다" 같은 형태이다. 다른 사람의 감정을 존중해주는 방법이다. 중립적인 단어를 사용하면 화가 나도 자제할 여력이 생기니 효과가 좋다.

감정은 누구나 갖고 있다. 필요하지 않다고 없앨 수도 없다. 자기감정을 조절하지 못하면 부적절하게 표현하게 된다. 참기만 한다면 언젠가는 터져 나와 감정에 휘둘리게 된다. 아들이 감정을 제대로 인지하고 조절할 수 있도록 가르쳐야 하는 이유다.

감정을 낯설어하고 말로 표현하지도 못하는 아들에게는 구체적인 방법을 가르치는 게 필요하다. 감정을 읽어주면 자신이 느끼는 감정을 인지하기 쉽다. 자신의 감정을 알면 다른 사람의 감정도 이해하기 쉬워진다. 공감형 아들이 되는 것이다. 부모의 행동도 중요하다. 아들 앞에서는 감정적으로 행동하는 모습을 가능한 한 자제하자. 부모는 아들의 거울이다.

🎲TIP 아들의 감정에 휘둘리지 마세요

아들이 화를 내면 부모도 순간적으로 화가 납니다. 그렇다고 같이 화를 내면 안 됩니다. 잠시 아들을 내버려 두고 안정을 찾을 때까지 기다려주세요. 흥분이 가라앉으면 화를 낸 행동에 관해 이야기하세요. 먼저 왜 화가 났는지 물어보세요. 아들의 이야기를 들은 후 무엇을 잘못했고 잘했는지 함께 얘기해보세요. 상대방의 마음도 생각해보게 하면 더욱 좋습니다. 화의 대상이 부모라면 부모가 느끼는 감정을 전달하는 게 좋습니다. 이때 부모의 입장만 강요하면 안 됩니다. 다음에 비슷한 일이 있을 때 어떻게 행동하는 게 좋을지도 함께 의논해보세요. 아들의 감정에 휘말리면 결국 감정싸움밖에 되지 않습니다. 부모가 균형을 잘 잡아야 합니다.

잔소리보다
공감이 먼저

아들은 힘들어도 표현을 하지 않는다. 계속 쌓아두다가 폭발한다. 평소에 자신의 이야기를 잘하는 아들은 힘든 일도 쉽게 털어놓는다. 아들이 속내를 털어놓으려면 부모에 대한 신뢰가 있어야 한다. 신뢰는 공감을 통해 쌓을 수 있다. 대화할 때는 잔소리보다 공감이 우선되어야 한다. 어느 날 급한 일이 있어 택시 기사님께 빨리 가달라고 부탁을 했다. 기사님은 요리조리 차선을 바꾸고 느리게 가는 앞차에 경적을 울리며 달려주었다. 그런데 막상 도착 시간은 크게 차이가 없었다. 하지만 그냥 무시했어도 될 승객의 다급함을 공감해준 기사님께 나는 위로를 받았다. 이런 게 공감이다.

공감 능력은 아들에게 필수

몸으로 놀기 좋아하는 아들과 놀다 보면 온몸이 안 아픈 곳이 없다. 장난은 점점 과격해지고 엄마의 비명은 아들에게 재미있어서 지르는 환호로 들린다. 결국 아프다고 크게 소리 질러야 끝난다. 그렇게 놀이가 끝나면 아들도 엄마도 기분이 나쁘다. 엄마가 왜 비명을 질렀는지 모르는 아들은 혼이 났다고 생각한다. 엄마는 적당히 할 줄 모르는 아들에게 화가 난다. 공감의 부재에서 나타난 결과이다. 아들은 엄마가 아파하는 것을 이해하지 못한다. 공감 능력이 부족하기 때문이다. 놀이 중 행동이 과격해지면 잠깐 멈추게 한다. "그렇게 하면 엄마가 아파"라고 정확히 이야기해준다. 이해하면 아들은 조금 더 쉽게 공감할 수 있다.

심리학자 바론 코헨Baron-Cohen은 아들과 딸의 공감 능력이 다르다는 점을 밝혀냈다. 엄마가 아파해도 아들은 같이 아파하지 않는다. 딸은 "엄마 많이 아파요? 어디가 아파요?"라고 묻는다. 하지만 아들은 엄마의 상처를 살피고 연고나 밴드를 챙겨온다. 눈앞에 있는 문제를 해결하는 게 우선이다. 아들은 우뇌가 발달해서 직관적 판단에 의한 문제 해결력이 뛰어나기 때문이다. 이는 공감능력이 떨어지는 이유이기도 하다. 상처를 치료하는 조치를 하는 것도 중요하다. 하지만 상대방의 마음을 이해하고 함께 공유하는 것도 중요하다. 특히 공감 능력이 떨어지는 아들은 '공감하기' 연습이 필요하다.

아들에게 '공감하기'가 중요한 이유는 사회성과 관련 있기 때문이다. 공감은 상대방의 입장에서 이해하거나 생각하는 능력이다. 공감은 의사소통의 기본이다. 의사소통이 잘되면 자신이 받아들여지고 인정받는다고 생각한다. 반응이 없으면 무시당했다고 생각한다. 아들이 말할 때는 잘 들으며 적절한 반응을 해야 한다. 중요한 것은 아들의 감정을 부정하거나 반박해서는 안 된다는 것이다. 부모는 흔히 자신이 가르침을 주는 존재라고 생각한다. 그럴 필요가 없다. 입장 바꿔 생각해보자. 같은 일을 겪었다면 어떤 말을 듣고 싶을지 생각해보면 답이 나온다. 아들의 감정을 있는 그대로 인정해주자. 그러면 공감 능력이 향상된다.

공동체 사회에서 살아가려면 타인과의 상호작용이 필수다. 상호작용은 의사소통과 마찬가지로 공감을 기반으로 한다. 공감을 통해 친절을 베풀고 소속감이 생기며 공동체가 강화된다. 공감은 타인의 입장과 감정을 아는 능력, 연민하는 능력이다. 공감 능력이 없는 사람은 타인의 고통을 알지 못하고 오히려 고통을 주기도 한다. 공감 능력이 떨어지는 아들에게 공감하기를 연습시켜야 하는 이유다.

공감 능력은 아들이 또래 관계를 잘할 수 있게 돕는다. 공감 능력이 발달하면 아들이 사춘기에 접어들어도 탈선의 위험이 줄어든다. 공감은 성장하는 데 중요할 뿐 아니라 사회 구성원으로서도 꼭 필요하다.

공감 능력, 이렇게 키워주면 된다

공감은 아들의 입장에서 생각하는 것에서 시작한다. 아들의 행동과 선택을 부모의 기준에서 판단하면 안 된다. 아들이 그렇게 행동할 수밖에 없는 이유를 이해해야 한다. 잘 듣고 이해하려고 노력해야 아들의 이야기를 들을 수 있다. 공감하기는 표현이 중요하다. 표현은 연습을 통해 배울 수 있다. 가장 좋은 방법은 부모가 공감하는 모습을 보이는 것이다. 가족들의 사소한 일에도 관심을 표현하라. 가족의 말에 집중하고 귀 기울여라. 자연의 아름다움을 표현하고 느끼게 하라. 일상에 감사를 표현하고 도움이 필요한 사람이 있으면 주저 말고 도와라. 상대의 상황을 이해하는 모습을 보이면 아들의 공감 능력이 발달한다.

어느 날 준호가 친구와 다투고 왔다. 준호에게 하고 싶은 말이 많았다. 그러나 언젠가 야단치는데 "엄마는 내 말을 안 믿어주잖아"라며 울던 게 생각났다. 나는 무슨 일이 있으면 준호 편을 먼저 들어주기보다 준호를 먼저 혼내는 편이었다. 남의 자식보다 내 자식을 혼내는 게 속 편하기도 하고 아들 단속 못 한 책임감 같은 게 생겨서이기도 했다. 갑자기 떠오른 준호의 말에 앉혀놓고 설교하고 싶은 마음을 참았다. 준호의 화난 감정과 억울함을 들어주었다. "그랬구나! 엄마도 그런 일이 있었다면 너무 화가 났을 것 같아"라고 공감해주었다. 한참을 이야기하던 준호는 "엄마, 생각해보니 나도 잘못한 것 같아"라며 잘못을 인정했다.

아들의 입장에서 먼저 생각하고 공감해주면 아들은 부모를 신뢰한다. 부모가 타인의 입장에서만 말하면 아들의 마음은 멀어진다. 다 아들을 위한 거라며 하는 조언이나 잔소리보다 공감해주는 말이 더 중요하다. 아들의 감정을 다스리고 공감 능력을 키워주는 것은 부모의 '신뢰'다. 그렇다고 아들의 행동을 모른 체해주고 거짓말을 다 믿어주라는 것은 아니다. 아들의 마음을 이해하고 믿어주라는 의미이다. 공감의 사회적 측면인 거시적 조망 수용 능력이 신뢰를 증진시킨다는 연구 결과가 있다. 조망 수용 능력이란 다른 사람의 입장, 감정, 사고를 추론해서 이해하는 것을 말한다. 공감 능력과 신뢰는 상관관계가 있다.

아들과 신뢰를 쌓으려면 작은 약속도 지켜야 한다. 무심결에 한 약속을 아들은 계속 기다린다. 약속을 지킬 때는 "저번에 약속했으니까, 오늘은 햄버거를 먹자"라고 표현하는 것이 좋다. 사소한 약속이지만 지켜지지 않는 일이 반복되면 부모에 대한 신뢰는 깨진다. 부모가 하는 말을 믿지 않게 된다.

아들의 상황을 공감해주고 믿어야 한다. 안심시키거나 해결책을 제안하는 것은 미뤄둔다. 그래야 온전히 신뢰받는다고 느낀다. 서로 신뢰하는 경험이 쌓이면 아들의 공감 능력도 좋아진다.

상담하다 보면 자신의 개인적인 얘기를 꺼리는 분들이 많다. 그럴 때 사용하는 방법이 '자기 개방'이다. 사회복지사가 자기 이야기를 먼저 털어놓는 것이다. '자기 노출'이라고도 한다. 개인적인 문제와 관심, 욕구, 기대와 두려움, 개인적 경험을 표현한다. 이때 중요한 것은 사회복지사의 개인사만 이야기하는 데 그치지 않고 상대방과 지속적으로 반응하는 것이다. 주의할 점은 과거의 일을 기계적으로 말하거나 사적인 이야기를 너무 많이 드러내지 않는 것이다. 사회복지사가 자기 개방을 하면 자연스럽게 상대방도 자신의 이야기를 꺼낸다.

자기 개방은 아들과 소통할 때도 효과적이다. 아들은 자기 이야기를 먼저 하지 않는다. 아들의 입을 열기 위해 이것저것 질문을 해봤자 "응", "아니", "몰라"만 메아리칠 뿐이다. 이럴 때 부모가 자기 개방을 해보자. 아들이 현재 겪고 있는 이슈와 관련된 부모의 경험이나 생각을 말하는 것이다. 특별한 이슈가 없더라도 부모의 감정, 경험을 공유하면 어느 순간 아들도 자신의 이야기를 하기 시작한다. 상대의 이야기를 듣고 자신의 이야기를 하며 생각과 감정을 공유하면 자연스럽게 공감 능력이 자라난다.

공감 능력은 공동체 사회를 살아가는 데 필수적이다. 타인과의 의사소통, 상호작용의 기본이 된다. 아들은 공감 능력이 떨어진다. 공감보다는 눈앞에 닥친 문제의 해결이 우선이기 때문이다. 공감 능력을 발달시키기 위해서는 부모가 먼저 공감의 태도를 보여야 한다. 아들의 말을 집중해서 들어주고, 아들의 입장에서 생각해야 한다. 다른 사람의 입장을 대변하거나 아들에게 가르침을 주려고 하면 안 된다. 공감 능력과 신뢰는 상관관계가 있다. 아들이 부모를 신뢰하면 공감 능력도 좋아진다. 공감 능력은 사회 구성원으로 살아갈 아들이 갖추어야 할 필수 역량이다. 공감을 일상화하자.

TIP 공감 능력을 키우는 방법

① 아들이 말을 걸면 하던 일을 멈추고 눈을 보며 집중하세요.
② 아들의 질문과 말을 판단하지 말고 존중하세요.
③ 온전히 아들의 입장에서 생각하고 이야기하세요.
④ 해결책을 제시하거나 안심시키려고 하지 마세요.
⑤ 타인에 대한 연민을 가질 수 있게 하세요.
⑥ 부모와 신뢰 관계를 경험하게 하세요.

감정 조절과
공감의 힘

준호 친구 찬이와 함께 여행을 갔다. 아들들은 만나자마자 몸으로 놀기 시작했다. 좁은 차 안에서 계속되던 놀이는 결국 다툼으로 이어졌다. 서로 먼저 쳤니, 안 쳤니 잘잘못을 따지며 목소리가 높아져서 차를 세울 수밖에 없었다.

"무슨 일이니?"

"얘가 하지 말라는데 먼저 자꾸 때리잖아!" 준호가 말했다.

"아니, 너도 세게 때렸잖아!" 준호 친구 찬이가 말했다.

둘 다 감정이 격해 있었다. 서로 장난을 치다 아파지자 기분이 나빠진 것이었다.

"찬이가 먼저 준호를 때렸다고 하는데, 이유가 있을까?"

"음…. 그냥 같이 놀고 싶어서 살짝 친 거였어요."

"아~ 찬이는 준호랑 같이 놀고 싶어서 부르려고 살짝 친 거였구나."

"준호야, 찬이는 놀고 싶었던 거래. 준호는 어떤 게 기분 나빴니?"

"말로 하면 되는데 때리니까 기분이 나빴어."

"준호는 찬이가 놀자고 하는 걸 때린 걸로 생각했구나. 찬아, 준호는 이렇게 생각했다는데 네 생각은 어때?"

"음… 생각해보니까 준호가 기분이 나빴을 것 같아요. 다음에는 말로 놀자고 할게요. 준호야, 미안해."

"괜찮아. 다음에는 나도 세게 안 칠게." 찬이의 말에 준호의 마음이 사르르 녹았다. 그 뒤 여행은 별 탈 없이 잘 끝났다.

아들 친구 찬이는 자신의 감정을 조절할 줄 안다. 화가 나도 상황을 먼저 이해하려고 한다. 이해되면 바로 화를 가라앉힌다. 상대방의 입장에서 생각할 줄도 안다. 나의 마음도 중요시하지만, 상대방의 마음도 살피려고 애쓴다. 그래서 반에서 인기도 좋고 친구도 많다. 감정을 잘 조절하고 상대방에 대해 공감할 줄 아는 사람은 정서 지능이 높아진다. 우리가 살아가는 사회는 사람들 간의 관계에서 시작하고 끝난다. 그만큼 '관계'가 중요하다. 정서 지능이 높은 사람은 사람 간의 관계를 잘 맺고, 이는 성공적인 사회생활로 이어진다.

사회는 아직 '아들은 과묵하고 감정적인 일에 휘둘리지 않으며 감정을 잘 표현하지 않는다'는 프레임에 둘러싸여 있다. 아들도 깊은 감정이 있고 표현하고 싶어 한다. 그러나 자신을 둘러싼 사회적 프레임에 갇혀 감정을 이야기하거나 공감하는 데 어려움을 겪는다. 모든 아들이 그렇지는 않지만 많은 아들이 그렇다. 아들이 자기감정에 솔직해지고 감정 표현을 두려워하지 않게 가르쳐야 한다. 감정을 들여다볼 수 있으면 감정 조절도 쉬워지고 공감 능력도 발달한다. 아들의 건강한 사회적 관계를 위해서도 감성 지능은 매우 중요하다.

감성 지능을 높이려면 먼저 긍정성을 키워라

오늘도 아들은 엄마의 마음에 들지 않는 행동만 골라서 한다. 먹다 남은 과자 봉지는 책상 위에 뒹군다. 게임 시간을 늘려달라고 졸라댄다. 씻으라고 하면 어제 씻었다며 들은 체도 안 한다. 결국 엄마는 아들의 행동을 지적하기 시작한다. 지적하는 말 한 마디, 한 마디에 정성을 다한다. 그러다 혼자 감정에 북받쳐 아들에게 못할 말까지 하게 된다.

부정적인 말은 아들을 공감해줄 수 없다. 부정적인 말을 하다 보면 엄마도 감정을 다스리지 못하게 된다. 감정적으로 대응하는 엄마의 모습을 접하다 보면 아들도 감정을 다스리지 못한다. 부정적인 감정은 끝도 없이 피어오르고 결국 마음은 그 안에 매몰된다. 그러니 부정적인 말은 가능한 한 짧게 하자.

부정적인 말을 지속해서 듣는 아들은 그에 맞춰 행동한다. '말썽쟁이'라고 하면 말썽을 부리고 '거짓말쟁이'라고 하면 거짓말을 한다. 아들의 부정적인 표현과 행동을 긍정적으로 이해하려고 노력해야 한다. 중요한 것은 아들 스스로 부정적인 감정을 긍정적으로 바꾸어나갈 힘을 길러주는 것이다. 긍정심리학의 선도적 학자 바버라 프레드릭슨 Babara Fredrickson 박사는 긍정적인 감정이 인지, 생각, 행동을 확장한다고 했다. 긍정적인 태도는 사회생활과 인성에도 좋은 영향을 미친다. 시련이 닥쳤을 때도 잘 대처할 수 있으며 자존감도 높아진다. 아들의 감성 지능을 높이기 위해서는 긍정성을 키워줘야 한다.

아들은 부모가 자주 하는 말을 알게 모르게 배운다. 같은 말을 하더라도 긍정적으로 해야 한다. 혼낼 때도 잘못을 질책하지 말자. "도대체 왜 청소를 안 하니! 방이 이게 뭐야!"보다는 "준호야, 너는 스스로 방을 깨끗이 정리할 수 있어"라고 말하는 것이다. 되풀이하다 보면 자신에 대한 긍정성이 커진다. 힘든 일이 있어도 인상을 찌푸리거나 부정적으로 이야기하지 말자. 부모가 부정적 감정을 긍정적으로 전환하는 모습을 보여야 한다. 다른 사람에 대한 험담이나 안 좋은 말도 아들 앞에서는 삼가야 한다. 다른 사람의 장점을 찾아내고 칭찬하는 모습을 보이면 긍정적 사고 형성에 도움이 된다.

아들이 부정적인 말을 하더라도 일단 들어주자. 말을 가로막거나 반박하면 안 된다. 말싸움이 돼버릴 수도 있다. 아들의 말을 들으며 감정을 인정해주자. 그 후에 다른 관점에서 생각할 수도 있다는 것을 알려주자. 잘 알고 있는 예를 보자. 컵에 물이 반이 차 있으면 한 사람은 물이 이제 반밖에 안 남았다고 하고, 또 다른 사람은 물이 아직도 반이나 남았다고 한다. 물이 반이나 남았다고 생각할 때의 좋은 점에 대해 아들에게 알려준다. 두 가지 생각이 모두 맞지만 어떻게 생각하느냐에 따라 삶이 달라질 수 있음을 가르쳐야 한다. 아들이 타인에게 인정받고 긍정적인 말을 자주 듣는 것도 도움이 된다.

감성 지능은 미래 인재의 핵심 역량

2020년 세계경제포럼은 미래 인재가 갖춰야 할 핵심 역량 10가지를 발표했다. 그중 여섯 번째가 감성 지능이다. 존 메이어John Mayer와 피터 샐러비Peter Salovey는 감성 지능(또는 정서 지능)이란 자기감정과 다른 사람들의 감정을 점검하고 구별하며, 그 정보를 이용해 자신의 사고와 행동을 이끄는 능력을 의미한다고 했다. 한마디로 다른 사람의 감정을 이해하고 공감하는 능력이라 할 수 있다. 감성 지능이 높으면 다른 사람의 사고, 감정, 의도를 유추하고 자기 입장과 조율할 수 있다. 또한 다른 사람과의 상호작용이 원만하고 인간관계를 잘 유지할 수 있다. 심리학자들은 인간이 성공하는 요인 중 감성 지수가 80%, 지능 지수가 20%를 차지한다고 밝혔다.

감성 지능을 높이려면 아들이 감성 지능의 중요성을 이해해야 한다. 중요성을 인지하면 아들은 자기감정을 조절하기 위해 노력한다. 감성 지능을 높이기 위해서는 다양한 삶의 경험이 필요하다. 직접 경험에는 한계가 있으니 간접 경험의 기회를 제공하는 것도 도움이 된다. 어려움을 극복하고 성공한 위인의 이야기를 들려주자. 고전부터 현대의 인물까지 고르게 들려주는 것이 좋다. 어려운 상황에 부닥쳤을 때 위인의 감정에 관해 이야기를 나눠라. 부모가 겪은 삶의 이야기를 나누는 것도 좋다. 어떤 어려움이 있었는지, 무슨 마음이었는지, 어떻게 행동했는지를 공유하라. 실패의 경험도 좋다. 아들이 그 상황을 공감하고 부모의 감정을 이해할 수 있으면 된다.

감성 지능은 자신과 타인의 감정을 적절하게 조정하는 능력이다. 감성 지능을 키울 때 주의해야 할 점이 있다. 타인의 고통을 자신과 동일시하지 않아야 한다는 것이다. 아들은 아직 자신과 타인의 경험을 명확하게 구분하지 못한다. 감당할 수 없는 경험이나 정보를 접했을 때 고통을 겪게 된다. 가능하면 감당할 수 없는 정보를 접하지 않게 한다. 귀신을 무서워하는 아이는 공포 영화를 보지 않게 해야 한다. 혹시 보게 될 일이 생기더라도 "나는 공포 영화를 보고 싶지 않아"라고 자기주장을 할 수 있게 해야 한다. 뉴스도 마찬가지이다. 아들의 나이에 따라 정보를 접하게 해야 한다.

초등학교 1학년 학부모 상담 때였다. 준호의 담임 선생님은 준호가 불안감이 매우 높다고 했다. 정서 불안이 의심된다는 말도 했다. 아득해지는 정신을 다잡으며 선생님께 물었다.

"어떤 점을 보고 그렇게 생각하셨나요?"

"수업 시간에 재난에 관해 공부했어요. 지진에 관한 내용이었는데 준호가 매우 불안해하더라고요. 지진이 나면 어떻게 대피해야 하는지를 꼬치꼬치 물으며 계속 무섭다고 이야기해서 진도를 나갈 수가 없었어요."

준호는 정서 불안이 아니다. 준호는 감정 이입이 매우 잘되는 아이였을 뿐이다. 특히 우리가 통제할 수 없는 재난 상황에 대해 말이다. 뉴스를 보다 삼풍백화점 붕괴 이후 소식이 나왔다. 준호는 그날부터 아파트가 무너질까 봐 잠을 설쳤다. 일본의 해일 피해 뉴스를 보고는 해일이 덮쳐서 우리 집이 물에 잠기면 어떡하냐며 몇 날 며칠을 걱정했다. (참고로, 우리 집은 해일이 덮칠 만한 바다 근처가 아니다. 심지어 20층이다.) 절도 뉴스를 접한 후에는 매일 밤낮으로 집의 모든 창문을 닫고 다녔다. 준호의 시사 상식을 키워주겠다고 뉴스를 보여줬던 게 독이 된 것이다. 감성 지능을 제대로 키우기 위해서는 자기 경험과 타인의 경험을 구분할 수 있게 신경 써야 한다.

지금은 4차 산업혁명 시대이다. 그러나 인간적인 영역의 필요성은 더 높아지고 있다. 레트로 열풍이 불고 소셜네트워크를 통해 사람 간 관계를 확장해가는 것이 그 반증이다. 감성 지능은 미래 인재의 핵심 역량이다. 세상을 살아가는 데 필수 역량이다. 현재를 살아가고 미래를 살아가야 할 우리 아들들에게 가장 필요한 역량이기도 하다. 감성 지능은 그냥 생겨나지 않는다. 자기감정 조절, 공감과 긍정성이 함께해야 한다. 부모는 아들이 어렸을 때부터 이것을 연습시켜야 한다. 감성 지능의 중요성을 아들과 공유하고 함께 노력해야 한다.

🎲TIP 감성 지능, 이렇게 키워주세요

① 미래의 목표를 세우게 하세요. 장기와 단기 목표를 세워서 목표를 달성해가는 긍정의 경험을 하게 도울 수 있어요.

② 목표는 부정적 단어가 아닌 긍정적 단어로 작성해야 해요. "나쁜 말을 하지 않는다"가 아닌 "좋은 말로 말한다"처럼 말이에요.

③ 실천할 수 있는 목표를 세워야 해요. 실천하지 못하면 달성도 할 수 없어요. 그러면 자기부정이 생겨버려요.

④ 신체 활동을 많이 하게 하세요. 몸을 움직이면 부정적 감정이 사라져요.

⑤ 아들의 부정적인 감정까지 수용해주세요. 그러면 안심하고 감정을 표현하게 돼요.

3장

아들과
가까워지는
소통 방법

01

아들을
칭찬하는 법

동물원에 가면 물개 공연을 꼭 보고 온다. 말도 통하지 않는 동물이 사람의 신호에 맞춰 여러 동작을 해내는 모습이 제법 신기해서다. 물개는 점프대로 이동해 멋지게 다이빙을 한다. 공을 갖고 묘기를 부리기도 하고 콧바람으로 촛불을 끄기도 한다.

같은 언어를 쓰는 아들은 교육하기가 이리도 어려운데 물개는 어떻게 훈련을 시킨 걸까? 정답은 칭찬이다. 물개에게 점프 훈련을 시킬 때 코앞에 막대기를 댄 후 칭찬한다. 더 높은 위치에서 막대기에 코를 대면 다시 칭찬한다. 막대기를 더 높이 올리며 물개가 점프할 때마다 칭찬을 반복한다. 말이 통하지 않는 동물도 칭찬을 통해 변화한다. 아들의 변화에도 칭찬은 필수다.

아들은 어려서부터 "안 돼", "하지 마", "위험해"와 같은 말을 더 많이 들으며 자랐다. 과격하고 위험한 행동을 일삼으면서도 한두 번 말해서는 알아듣지 못하는 아들은 커질 만큼 커진 엄마의 고함과 함께 자란다.

그러다 보니 자연스레 칭찬의 기회는 줄어든다. 가끔 칭찬할라치면 '이 엄마가 왜 그러지?' 하는 의심의 눈초리로 바라본다. 그러면 칭찬하고 싶은 마음이 쏙 들어가고 만다. 그렇다고 마냥 야단만 치며 아들을 키울 수는 없다. 경쟁심이 강한 아들은 계속되는 지적과 야단에 곧 반발할 것이다. 아들을 사회적으로 성숙한 인간으로 변화시키기 위해 '칭찬'이 꼭 필요한 이유이다.

칭찬, 제대로 알고 하자

칭찬은 잘한 행동이나 훌륭하거나 좋은 특성을 높게 평가하는 것이다. 착하고 훌륭한 일을 해내기 위해 노력하는 과정, 결과 모두 칭찬의 대상이다. 칭찬의 영역은 '성취'와 '재능'으로 나눌 수 있다. 사람마다 원하는 칭찬의 영역이 다르다. 어떤 사람은 자신의 타고난 외모, 재능, 본성에 대한 칭찬을 좋아한다. 스스로 해낸 결과와 과정에 대한 칭찬을 좋아하는 사람도 있다.

아들이 좋아하고 동기 부여되는 칭찬 영역을 찾아야 한다. 그러나 아들이 좋아한다고 해서 타고난 재능이나 본성에 대한 칭찬에 치우치면 안 된다. 반복되다 보면 아들이 통제할 수 없는 일에 집중하게 되고 결국 실망으로 이어진다.

어느 날 마트에서 장을 보고 집으로 돌아오는 길이었다. 주차 후 집까지 짐을 옮기는데 아들이 나서서 짐을 들어줬다. 나는 기특해서 "준호는 진짜 힘이 세구나"라고 말했다. 그러자 준호는 "나 힘 안 센데. 나보다 힘센 애들 많은데"라고 말하며 오히려 기분이 안 좋아졌다. 자신은 힘이 세다고 느끼지 않는데 그 부분을 칭찬하자 수긍하지 못한 것이다. 오히려 "짐이 너무 많고 무거워서 혼자 옮기기 힘들었는데, 준호가 도와줘서 힘이 되었어"라고 말해야 했다. 자신의 노력을 인정받았기 때문에 기쁘게 칭찬을 받아들이는 것이다.

칭찬은 사회적으로 인정받고 싶은 욕구를 충족시켜 안정감을 얻게 한다. 심리적 안정감은 긍정적 자아 형성으로 이어진다. 자립심과 자존감의 향상에도 영향을 미친다. 칭찬을 많이 받고 자란 아들은 '할 수 있다'는 의지가 생긴다. 칭찬 대신 지적을 받으며 자란 아들은 '할 수 없다'고 생각하며 자신감이 떨어진다. 점점 스스로 하지 못하며 부정적 자아가 형성될 수도 있다. 스스로 노력할 때 부모가 지켜봐 주고 훌륭하다는 표현을 하면 의욕이 높아진다. 자신에 대한 긍정적인 확신이 생기는 것이다.

대부분 부모가 아들이 말썽을 부리거나 난처한 행동을 할 때는 바로 야단을 친다. 그러나 주어진 일을 제대로 했을 때는 아무 말도 하지 않는다. 칭찬은 어떤 일을 잘해내거나 훌륭히 해냈을 때만 하는 것이 아니다. 주어진 일을 제대로 해냈을 때도 칭찬해줘야 한다. 그러면 아들은 행동을 인정받았다고 느끼고 행동을 강화한다.

일상적이고 당연한 일이라도 칭찬을 해주자. 행동이 습관화되어 점점 나아지는 아들의 모습을 볼 수 있을 것이다. 대단한 일이 아니어도 된다. 어제보다 오늘 조금이라도 나아지면 된다. 나아지기 위해 노력한 점을 칭찬하자.

"준호야, 먹고 난 과자 봉지는 쓰레기통에 버려야지!"

"준호야, 점퍼를 벗으면 제자리에 걸어놔야지!"

"준호야, 장난감은 제자리에 정리해!!"

우리 집에서 매일, 수시로 들리던 소리다. 듣는 아들도 말하는 엄마도 같이 짜증이 난다. 이름만 불러도 움찔하는 아들을 보면 짠하기도 하다. 그런데 얼마 전부터 분위기가 바뀌었다. 아들이 스스로 하는 일이 늘어났기 때문이다. 열 번 과자를 먹으면 여덟 번은 과자 봉지를 쓰레기통에 버린다. 점퍼를 벗으면 의자에라도 걸어놓는다.

어떻게 된 걸까? 아들의 행동을 잘 관찰하고 표현해줬기 때문이다. 유심히 아들을 관찰하다 과자를 다 먹으면 바로 말했다. "우와, 준호가 과자 봉지를 쓰레기통에 버리려는구나!"라고 말이다. 아들이 진짜 버리려고 한 거면 칭찬의 효과가 있다. 아니더라도 버려야 한다는 것을 인식시켜줄 수 있다. 그렇게 조금씩 나아졌다. 조금씩 나아지는 점을 칭찬하고 인정해줬다.

칭찬은 제대로 해야 효과가 있다

많은 부모가 칭찬을 언제, 어떻게 해야 할지 모르겠다고 토로한다. 칭찬을 잘하려고 기회를 노리다가 하지 못하는 경우도 많다. '지금 칭찬해도 되나?', '일이 마무리되면 그때 해야지'라며 망설이고 미루다 기회를 놓친다. 칭찬은 시점이 중요하다.

세계적인 지휘자 레너드 번스타인은 '칭찬의 리더십'으로 유명하다.

그는 세 가지 칭찬의 법칙을 지키며 단원들과 소통했다. 그가 지휘했던 오케스트라는 놀라운 경지를 보여주었다. 칭찬의 세 가지 법칙은 '구체적으로, 공개적으로, 즉시'이다. 칭찬에도 방법이 있다.

아들을 칭찬할 때의 방법이다.

첫째, 구체적으로 칭찬하라. "친구를 배려해준 것은 정말 잘했어"처럼 두루뭉술하게 하면 안 된다. 배려라는 것은 사람마다 생각하는 범위가 다르다. "친구가 먼저 지나갈 수 있게 기다려준 것은 정말 잘했어"라고 어떤 행동을 잘했는지 구체적으로 말해야 한다.

둘째, 공개적으로 칭찬하라. 그 자리에 있는 사람들 앞에서 공개적으로 칭찬한다. 가족들이 모인 자리에서도 이야기한다. 이야기를 들은 사람들이 함께 아들의 행동을 칭찬해주면 더 좋다. 아들의 행동이 얼마나 자랑스러운지도 말하라.

셋째, 즉시 칭찬하라. 칭찬받을 행동을 하면 바로 칭찬한다. 그래야 칭찬을 진심으로 받아들인다. 행동하지 않더라도 다른 사람에게 동정심이나 배려심을 보이면 칭찬하는 것이 좋다. 이것이 마음이 따뜻한 아이로 성장하는 밑거름이 된다.

넷째, 결과보다는 과정이나 노력을 칭찬하라. 결과를 칭찬하면 성공했을 때만 칭찬할 수 있다. 과정과 노력은 언제든지 칭찬을 가능하게 한다. 결과만 칭찬하면 아들은 성공했을 때만 부모가 자신을 사랑한다고 생각하게 된다. 아들의 마음에 상처가 될 수 있다.

구글(현재 알파벳)에서는 SBI라는 피드백 모델을 사용한다. 상황Situation을 포착하고, 행동Behavior을 설명한 다음 행동이 미친 영향Impact

을 구체적으로 전달한다. 사실에 기반한 상황과 행동을 중요시하고 지시가 아닌 영향을 전하는 것이다. 칭찬도 이 피드백 모델을 적용할 수 있다. 아들이 칭찬받을 만한 행동을 하는 상황을 포착한다. 상황이 포착되었으면 아들의 행동을 구체적으로 설명한다. 그 행동으로 나타난 결과를 이야기하며 칭찬한다. 그러면 아들은 행동으로 인해 나타나는 결과까지 생각할 힘이 길러진다.

칭찬을 받아보지 못한 아들은 아무리 칭찬을 해줘도 진심으로 받아들이지 않는다. 《엄마 혼자 잘해주고 아들에게 상처받지 마라》의 저자 곽소현은 이럴 때 '확장 칭찬법'이 효과가 있다고 소개했다. 확장 칭찬법은 작은 칭찬으로 먼저 말을 건네는 것으로 시작한다. 책임감이 강한 아이에게 "넌 책임지고 끝까지 해내잖아"라고 말한다. 칭찬을 많이 받아보지 않은 아이는 "아닌데요"라고 대답할 것이다. 그때 확장 칭찬법을 써야 한다. "너에게 맡겼던 화장실 청소를 힘들어도 해냈잖아", "너는 다른 사람들이 포기해도 끝까지 마무리하잖아"라는 식으로 칭찬을 구체화해가는 것이다.

아들을 키우다 보면 마냥 칭찬할 상황만 있는 건 아니다. 그렇지만 부모의 마음에 들지 않는다고 매번 야단치고 혼낼 수도 없다. 하라는 공부는 안 하고 이리저리 핑계 대며 놀 궁리만 하다 기어코 나가서 놀고 온다. 그럴 때면 속이 터지지만, 아들을 혼내면 서로 마음만 상한다. 그렇다고 할 일을 안 했는데 칭찬할 수도 없는 노릇이다. 이럴 때 필요한 것은 칭찬도 비난도 아니다. 그 상황에서 아들이 한 행동을 있는 그대로 인정만 해주면 된다. 어떠한 평가나 의견을 더하지 않아도 된다.

친구들과 놀고 왔다면 "놀고 왔구나"까지만 말하는 것이다.

칭찬할 때 이것만 조심하자

칭찬할 때 호들갑을 떨거나 과하게 하는 경우가 있다. 한순간 밝은 분위기를 낼 수는 있으나 아들에게는 독이 될 수도 있다. 칭찬받을 만한 행동을 했다면 있는 그대로 말하자. "방 정리를 깨끗이 했구나", "동생이 투정을 부리는데도 잘 참아줬구나"라고 말이다. 이런 칭찬법은 아들에게 올바른 행동 방향을 알게 한다.

과한 칭찬이 반복되면 칭찬은 방향을 잃어버린다. 하고자 했던 요점에서 벗어나게 된다. 과한 칭찬은 아들에게 언제, 어떤 상황에서든 꼭 칭찬받아야 한다는 압박감을 줄 수 있다.

칭찬할 때는 지속성을 갖는 말을 자제해야 한다. '항상', '언제나', '늘', '계속' 같은 말은 현재에 초점을 맞추지 못한다. 과거부터 현재까지를 아우른다. 예전부터 지금까지 잘해온 것을 칭찬하면 앞으로도 쭉 잘해야 한다는 압박감이 생긴다. 잘하지 못하는 순간이 생기면 칭찬받지 못할 것이라는 불안감을 조성한다. 이는 조건부 칭찬이다. 부모의 사랑조차 조건부로 느끼게 할 수 있다.

무엇보다도 칭찬할 때는 현재에 초점을 맞추자. 현재의 노력 자체를 칭찬해주어야 한다. 예를 들면 "계속 반에서 1등을 하다니 대단하다"가 아니라 "성적을 유지하기 위해 열심히 공부한 게 기특하다"로 바꿔 말하는 것이다.

칭찬은 사실에 근거해서 정확하게 해야 한다. 아들이 실제로 한 행동을 유심히 살펴야 한다. 아들이 노력한 점에 대해 구체적으로 칭찬해야 효과가 있다. 노력한 점을 자세히 칭찬하는 것은 아들에게 신뢰감을 느끼게 한다. 칭찬하는 사람에 대한 신뢰, 자기 행동에 대한 신뢰가 가능해진다. 그래서 칭찬에는 관찰이 중요하다. 다음의 사례를 보자. 아들에게 아빠의 칭찬은 어떻게 느껴졌을까?

아빠는 퇴근 후 거실에서 숙제하고 있는 아들을 보고 방에서 쉬고 나왔다. 그동안 아들은 온전히 숙제만 하지 않았다. TV도 보고 강아지랑도 놀았다. 아빠가 다시 거실로 나왔을 때 아들은 놀기를 끝내고 숙제를 다시 시작하는 중이었다. 아빠는 아들에게 "우리 아들 집중력이 참 좋구나. 아빠가 집에 왔을 때부터 지금까지 계속 공부를 하고 있네. 대단하다"라고 칭찬했다. 아들은 떨떠름하게 "네"라고 대답하고 아빠가 다시 방에 들어가자 연필을 내려놓았다.

아들은 아빠의 칭찬을 진심으로 느끼지 못했다. 실제 자기 행동과 맞지 않는 칭찬을 들었기 때문이다. 앞으로 아들은 아빠가 어떤 칭찬을 해도 신뢰하지 못할 것이다. 칭찬하려면 자세히 보고 정확히 봐야 한다.

TIP 칭찬, 이렇게 해보세요

① 구체적으로, 즉시, 공개적으로, 눈을 보고 칭찬하세요.

② 결과보다는 노력의 과정을 칭찬하고 칭찬의 기준을 낮추세요.

③ 노력의 결과 나타난 변화를 구체적으로 칭찬하세요. 작은 노력이라도
  괜찮아요.

④ 칭찬하기 힘든 상황일 때는 아들의 행동을 있는 그대로 말하세요.

⑤ 칭찬은 과하게 하지 마세요.

⑥ 실제 확인한 사실에 근거해서 구체적으로 칭찬하세요.

나 전달법(I-message)과
강점 관점

    요즘 준호는 방학이라 학원 가는 시간을 제외하면 혼자 집에서 지낸다. 코로나19 확산세 때문에 친구들을 만나기도 쉽지 않다. 나는 하릴없이 집에 있는 시간을 알차게 보내게 하고 싶었다. 그래서 학기 중에 하지 못한 밀린 공부를 숙제로 내주고 출근했다. 그러나 집에 돌아오면 되어 있는 건 없었다. 결국 밤늦게까지 이어지는 씨름에 화가 치밀어 올랐다.

    "너는 어떻게 네 할 일도 안 하고 종일 놀기만 하니?"

    "네가 숙제를 제대로 해놨으면 엄마가 너한테 화낼 일도 없잖아."

    "네 행동 때문에 엄마, 아빠도 속상하고 기분이 안 좋아지잖아."

    이런 말을 마구 쏟아냈다. 야단이 반복될수록 준호는 내 말을 들으려고 하지 않았다. "어차피 또 잔소리할 거잖아", "알았어, 알았어. 내가 잘못한 거겠지"라며 대화를 차단했다. 준호를 탓하는 말들이 대화 의지를 없앤 것이다. 언어적 표현이 덜 발달한 아들과 소통하려면 대화의 기술이 있어야 한다. 서로의 마음을 다치지 않고 소통하는 방법을 알아야 한다.

아들은 딸보다 거칠게 다루는 경향이 있다. 대체로 딸보다 감정 표현이 적기 때문이다. 아들에게는 조금 심한 말을 해도 괜찮을 것 같다고 느낀다. 하지만 아들도 감정이 있다. 감정 표현이 서툴고 적기 때문에 아들의 감정을 더 조심히 다뤄줘야 한다.

사회복지사인 나의 직업은 이럴 때 많은 도움이 된다. 아들을 현장에서 만난 클라이언트라고 생각하면 좀 쉽다. "너는 어떻게 네 할 일도 안 하고 종일 놀기만 하니?"라는 말을 상담 상황이라고 생각하면 "네가 해야 할 일을 해놓지 않고 종일 놀기만 해서 엄마는 무척 속이 상해"라고 바꿔 말할 수 있다. 이렇게 'I-message', 즉 '나 전달법'을 활용하면 아들과의 소통을 좀 더 잘할 수 있다. "준호가 숙제를 제대로 해놓으면 엄마가 기분이 좋을 것 같아"라고 말이다. 아들과 소통할 때 도움이 되었던 사회복지 실천 기술을 살펴보자.

마음을 다치지 않는 대화법, 나 전달법

아들의 행동이 마음에 들지 않으면 부모는 대부분 아들의 행동을 지적한다. "종일 게임만 할래?", "또 짜증이야?"와 같이 말이다. 이러한 말은 주어가 상대방, 즉 '너'다. 이를 '너 전달법You-message'이라고 한다. 이는 '너'를 주어로 말하는 방식으로 상대에게 문제가 있다고 표현한다. 듣는 사람은 '나에게 문제가 있구나'라고 생각하게 되고 공격적으로 느낀다. 그러면 변명, 거부감, 저항, 공격적인 행동을 하게 된다. 결국 서로의 마음만 다치고 의사소통은 단절된다. 아들은 커갈수록 부모와 대화하지 않으려고 한다. 부모가 너 전달법으로 대화하기 때문이다. 아들이 성장해서도 계속 대화하고 싶다면 대화의 방식을 바꿔야 한다.

'나'를 주어로 아들과 대화해야 한다. '나 전달법I-message'은 아들이 부정당한다는 생각이 들지 않게 함으로써 솔직한 대화를 가능하게 한다. 자기 행동이 타인에게 어떤 영향을 미치는지 생각할 수 있게 한다. 요즘 많은 부모가 자녀 중심으로 생활한다. 아들은 자신의 감정과 욕구를 중요하게 여긴다. 부모의 감정이나 어려움에는 관심을 두지 않는다. 나 전달법은 아들이 부모의 감정을 알고 이해할 수 있게 한다. 부모의 마음을 이해하는 아들은 타인의 마음을 살필 줄 알게 된다. 자기 행동을 조절할 줄 알게 되고 타인과의 소통이 쉬워진다.

나 전달법은 미국의 심리학자 토머스 고든Thomas Gordon이 창시한 개념이다. '나'를 중심으로 생각이나 감정을 표현하는 대화법이다. 나는 문제가 있다고 느끼는데 상대방은 자기 잘못이 없거나 문제가 안 된다고 생각할 때 효과적이다. 내 느낌과 의견을 전달함으로써 상대방에게 솔직하다고 느끼게 한다. 이는 상대에게 말하는 사람의 감정을 받아들이고 문제를 해결하려는 의지를 갖게 한다. 나 전달법은 사실, 내가 느낀 점, 바라는 점의 순서로 말한다. 문제가 되는 상대방의 행동이 나에게 어떤 영향을 주는지 말한다. 그로 인한 나의 감정과 바라는 점을 솔직하게 말하는 것이다.

예를 들면 장난감을 정리하지 않는 아들에게 "장난감을 치우지 않아 집이 지저분해져서 엄마 혼자 청소하려니 속이 상하는구나. 준호가 함께 치워주면 좋겠어"라고 말하는 전달법이다. 나 전달법도 유의해서 사용해야 한다. "양치하라고 몇 번을 말했는데 하지 않으니 엄마는 너무 속상해. 다시는 양치하라고 말하지 않을 거야"라는 말을 살펴보자. 나 전달법은 맞으나 부정적으로 표현한 뒤 문장은 아들이 부정적으로 생각하게 할 수 있다. 나 전달법을 활용할 때는 아들의 행동이 긍정적으로 변화할 수 있게 말해야 한다. 그게 어렵다면 사실, 감정까지만 말하고 바람은 생략하는 게 좋다.

아들의 내적 성장을 돕는 강점 기반 소통

인간은 생존을 위해 부정적인 정보에 더 신속하게 반응하도록 진화해왔다. 무의식적으로 긍정적인 면보다 부정적인 면을 잘 찾아낸다. 이를 부정성 편향이라고 한다. 양육할 때 부정성 편향은 자녀를 온전히 바라보지 못하게 한다. 부모는 아들의 약점에 집중한다. 잘한 게 있어도 부족했던 점을 먼저 본다. "잘했다. 그런데 다음에는 이렇게 하면 더 좋을 것 같아"라고 말하며 성과를 온전히 인정해주지 않는다. 그러면 아들은 자신감을 점점 잃어가고 소통이 힘들어진다. 아들과 소통을 잘하기 위해서는 부정성 편향에 휩싸이지 않게 조심해야 한다. 강점을 찾아 강점 기반 소통을 해야 한다.

강점은 내가 가진 능력 중 뛰어난 능력을 말한다. 장점은 긍정적 요소가 되거나 상대적으로 잘하는 속성이다. 강점은 남이 보기에도 잘

하는 점, 장점은 나 스스로 잘한다고 생각하는 점이다. 강점은 아들의 개인적 재능과 자질, 질병과 자기 약점에 대처해온 능력 등 거의 모든 것이 될 수 있다.

현대 경영학의 창시자로 일컬어지는 피터 드러커는 "자신의 약점을 보완해봐야 평균밖에 되지 않는다. 그 시간에 강점을 특화하는 것이 21세기를 살아가는 방법이다"라고 말했다. 아들의 강점에 초점을 맞추고 약점이 강점 발휘에 방해되지 않는다면 보완하려고 너무 애쓰지 말자. 강점을 특화하고 약점까지 보완하는 것은 아들에게 힘든 숙제가 된다.

강점의 발견은 '강점 지능'과도 연결된다. 인간은 '강점 지능'과 '약점 지능'을 가지고 태어난다. 아들의 강점 지능을 발견하는 것은 진로에도 큰 영향을 미친다. 강점 지능을 알면 하고 싶은 일을 잘할 수 있을지 적성에 맞을지 판단할 수 있다. 어릴 때부터 강점 지능을 알면 미리 꿈을 구체화하고 준비할 수 있다. 《강점지능 살리면 뜯어 말려도 공부한다》의 공저자인 서울대학교 교육학과 류숙희 박사는 "아이들이 좋아하고 잘하는 것을 살려주면 어렵고 지겹던 공부도 즐기게 된다"고 했다. 자신의 강점 지능을 알면 자존감도 높아진다.

아들이 잘하는 것, 좋아하는 것, 자주 하는 것이 강점일 가능성이 크다. 아들의 강점을 찾으려면 아들에게 관심을 두고 관찰해야 한다. 스스로 선택해서 하는 행동을 유심히 살펴본다. 부모의 기대에 맞추기 위해 선택하는 것이 아닌, 좋아서 몰두하는 순간을 찾아야 한다. 아들에게 직접 물어봐도 된다. 무엇을 '좋아하고' '잘하는지' 물어보

자. 아들이 바로 대답하는 것이 강점일 가능성이 크다. 부모는 아들의 강점보다 부족한 점에 집중하는 경향이 높아 강점을 잘 찾지 못한다. 아들의 주변 사람들에게 물어보는 것도 방법이다. 부모가 모르는 아들의 강점을 다른 사람들은 알고 있는 경우도 있다.

사회복지 실천에는 '강점관점 해결중심 사례관리'라는 실천 방법이 있다. 도움이 필요한 이들이 삶의 주인이고 스스로 삶을 변화시킬 수 있다고 믿으며 돕는 방법이다. 아들 양육에도 강점 관점을 적용해보자. 아들의 삶을 가장 잘 아는 전문가는 아들 자신이다. 아들의 삶에서 변화를 만들어낼 수 있는 사람도 아들 자신이다.

부모는 아들을 위해 아들이 원하는 삶을 살아갈 수 있게 돕는 존재다. 아들이 원하는 것에 초점을 두고 나아갈 수 있도록 돕는 것이 부모의 역할이다. 아들의 부족한 점에 너무 얽매이지 말자. 나 전달법으로 부족한 점을 스스로 깨달을 수 있게 돕고, 강점에 기반해 소통하면 아들은 잘 자란다.

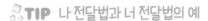

TIP 나 전달법과 너 전달법의 예

상황	지난주에 학원에 지각했던 아들에게 전화가 걸려 왔다. 시간을 보니 학원 수업이 시작한 때였다. 전화를 받자 아들은 숨을 헐떡이며 말했다. "엄마, 나 학원 앞에 다 왔는데 다시 집에 가고 있어." "집에 왜 다시 가는 거야?" "응, 가방을 안 가져왔더라고." 결국 아들은 2주 연속 학원에 지각했다.	

구분	너 전달법	나 전달법
엄마의 표현	"너는 도대체 정신을 어디에다 두고 다니는 거야!" "학원을 가면서 가방을 안 가져가는 게 말이 되니?"	"엄마는 준호가 학원에 연달아 지각해서 선생님께 혼날까 봐 걱정돼."
엄마가 전하려던 의도	학원에 지각해서 선생님께 혼날까 봐 걱정됨.	학원에 지각해서 선생님께 혼날까 봐 걱정됨.
아들이 느끼는 감정	'엄마는 나를 믿지 못하는구나'라고 생각함.	'엄마는 내가 혼날까 봐 걱정하고 있구나'라고 느낌.

TIP 강점의 예시

솔직한, 협력적인, 결단력이 있는, 단호한, 헌신적인, 집중력이 뛰어난, 열심히 일하는, 적극적인, 성숙한, 개방적인, 현실적인, 공손한, 책임감이 있는, 대응력이 빠른, 자기 확신이 강한, 자기 주도적인, 자기 절제를 하는, 독립적인, 체계적인, 자발적인, 차분한, 카리스마 있는, 명확한, 주의 깊은, 창의적인, 호기심이 있는, 공감력이 있는, 깔끔한, 노력하는, 신중한, 꼼꼼한, 부지런한, 열정이 많은, 예의가 바른, 센스 있는, 용감한, 논리적인, 분석적인, 긍정적인, 공정한, 배움을 즐기는, 겸손한, 정보력이 좋은, 포기하지 않는, 정리정돈을 잘하는, 사교적인, 스스로 하려고 노력하는, 배려하는, 친화적인.

소통, 신뢰, 자신감을 높이는
경청의 힘

미국의 저명한 법학자인 올리버 웬들 홈스는 "말하는 것은 지식의 영역이고 듣는 것은 지혜의 특권"이라고 했다. 듣는 데에는 지혜가 필요하다. 말하는 사람의 의도와 감정까지 아우르며 들어야 하기 때문이다.

아들은 좌뇌와 우뇌의 연결이 활발하지 않아 감정을 말로 표현하는 게 서툴다. 아들의 말을 끝까지 들어주는 것이 어려운 이유다. 마음을 다해 들으면 그 사람의 마음을 얻을 수 있다는 뜻의 '이청득심以聽得心'이라는 한자성어가 있다. 아들의 마음을 얻고 소통하려면 무슨 말인지 이해가 되지 않더라도 그의 말을 귀 기울여 경청해야 한다.

경청, 의사소통의 기본

아들과 대화하다 보면 속 터지는 경우가 많다. 나도 '그래, 끝까지 잘 들어주자. 나서지 말자'라고 굳게 마음먹지만 안되는 경우가 더 많다. 아들은 언어 능력이 늦게 발달한다.

궁지에 몰렸거나 화가 난 아들의 말은 더 알아듣기 어렵다. 준호도 이런 상황이 닥치면 웅얼거리며 말하는 경우가 많다. 그러면 끝까지 들어주고자 했던 나의 결심은 온데간데없이 사라지고 만다. "지금 무슨 말을 하는 거야? 이해할 수가 없잖아", "또박또박 말해봐. 못 알아듣겠어"라고 말해버리고 만다. 결국 준호는 입을 아예 닫아버린다. 제 딴에는 열심히 말했는데 듣지는 않고 똑바로 말하라고 혼내니 말할 의지를 잃는 것이다.

의사소통은 메시지만 잘 전달한다고 되는 것이 아니다. 아무리 이해하기 쉽게 이야기해도 상대방이 들을 마음이 없으면 소통은 이뤄지지 않는다. 의사소통에는 말하는 사람과 듣는 사람 상호 간의 노력이 필요하다. 말하는 사람의 입장을 공감하고 이해하면 감정과 생각의 교류가 이뤄진다. 그러면 의사소통은 성공한다. 이때 가장 중요한 것이 '경청'이다.

경청은 상대방의 말을 귀 기울여 듣는 것이다. 의사소통의 기본이다. 내 의견만큼 다른 사람의 의견도 중요하다는 것을 염두에 두고 존중하는 마음이 있어야 경청할 수 있다. 아들에게 부모가 알아듣기 쉽게 말하라고 추궁하지 말자. 먼저 아들의 말을 경청하자. 경청을 활용한 의사소통 방법을 살펴보자.

첫째, 아들의 눈을 바라봐야 한다. 눈을 바라보면 아들에게 집중하게 된다. 아들도 자신에게 집중하고 있음을 느껴 존중받는다고 생각한다.

둘째, 아들의 말을 주의 깊게 듣고 있음을 보여줘야 한다. 이야기를 들으며 고개를 끄덕이거나 진심으로 맞장구를 친다. 때로는 질문을 하며 관심을 보인다.

셋째, 아들보다 말을 많이 하지 말자. 20:80 규칙을 지키자. 부모는 20%만 말하고 80%는 들어야 한다.

넷째, 아들이 말하는 도중에 끼어들지 말자. 아들의 말이 논리적이지 않고 궁금한 점이 있어도 말을 마칠 때까지 기다려야 한다. 도중에 끼어들면 말하고 싶은 마음이 사라진다.

다섯째, 짐작하거나 가로채지 말자. 아들이 말하고 있는데 "○○가 이랬겠지", "그렇게 됐겠지" 등으로 넘겨짚지 말자. 맥이 끊긴다. 아들이 잠시 머뭇거려도 아들의 말을 가로채 대신 마무리하지 말자. 한 수 앞을 내다보는 것처럼 잘나 보일 것 같아도 그렇지 않다. 단지 말을 방해하고 잘난 체하는 사람이 될 뿐이다.

여섯째, 대답할 말을 미리 준비하지 말자. 부모는 문제를 해결하거나 도움이 될 만한 말을 해주고 싶어 아들의 말을 듣는 중에 대답할 말을 미리 생각한다. 하지만 이런 태도는 도움이 되기보다 말에 집중하지 않는 모습을 보여 반감을 일으킬 수 있다. 중요한 내용을 놓치게 될 수도 있다. 우선은 집중하자.

일곱째, 판단·충고·평가하지 말자. 아들의 말은 일단 집중해서 듣기만 해야 한다. 어렵게 털어놓은 이야기를 부모가 판단·충고·평가해버리면 다시는 말문을 열지 않을 수도 있다.

여덟째, 비언어적 표현도 들어줘야 한다. 경청은 말만 듣는 것이 아니다. 이야기하며 보이는 아들의 비언어적 표현도 경청해야 한다. 눈짓, 몸짓, 표정, 말의 어조, 속도까지 읽어야 제대로 경청할 수 있다.

아들의 의사소통 능력을 향상시키는 데 큰 영향을 미치는 것이 있다. 부모가 어떻게 듣는가이다. 부모가 무슨 말을 얼마나, 어떻게 하는지도 중요하지만 어떻게 들어주는지가 더 영향을 미친다. 경청은 그래서 중요하다. 아들이 사회에서 인간관계를 맺고 사회 구성원으로 살아가는 데 필요한 의사소통 능력의 기반이 되어준다.

사회복지 실천 기술에서 기본적으로 가르치는 것도 '경청'이다. 경청은 상대에게 집중하고 상대의 말에 주의를 기울이는 것에서 시작해, 눈을 맞추고 인정하고 요약하고 질문하는 단계로 이뤄진다. 내 아이가 존중받는 사람이 되고 타인을 존중하는 사람으로 자라길 바란다면 경청을 가르치자.

경청은 습관이다

공자는 말을 배우는 데 2년, 경청하는 데 60년이 걸린다고 했다. 그만큼 듣는 것은 쉬운 일이 아니다. 어느 날 '오늘부터 경청해야겠다'라고 마음먹는다고 되지 않는다.

"세 살 적 버릇 여든 간다"라는 속담처럼 경청도 버릇을 들여야 한다. 습관화해야 하는 것이다. 경청을 습관화하려면 일상적인 대화가 많아야 한다. 많은 부모가 평소에는 아들의 말에 관심을 보이지 않다가 문제가 생기거나 하고 싶은 말이 있으면 대화를 시도한다. 이러면 절대 경청을 배울 수도, 소통을 할 수도 없다. 평소에 아들의 말에 관심을 기울이고 들어줘야 한다. 아들은 부모를 보고 배운다. 부모의 경청 태도가 중요하다.

경청 습관을 만들기 위해서는 사소한 것부터 시작해야 한다. 아들이 말을 걸면 하던 일을 멈추고 먼저 들어야 한다. 사소한 이야기라도 아들의 눈을 보고 들을 준비를 해야 한다. 바쁜 일상에서 대화를 많이 하기가 쉽지 않다. 아들과 집중해서 얘기할 수 있는 때를 정한다. 잠자기 직전 시간을 활용하면 좋다. 잠들기 전 아들과 그날 있었던 일에 관해 이야기를 나눈다. 적절히 호응해주되 이야기를 듣기만 하라. 식사 시간도 좋은 기회이다. 대수롭지 않은 일상 이야기를 나누며 경청하는 모습을 보여라. 대화는 아들이 좋아하는 주제로 정한다. 부모가 관심 있는 주제로(공부, 생활 습관, 친구 관계 등) 이야기하면 결국 잔소리로 이어진다.

가족이 온전히 아들의 이야기에 집중해서 경청할 수 있는 주제만 이야기하자. 유대인 부모는 대화를 통해 자녀를 교육한다. 자녀와 생각이나 감정을 교류하며 교육하는 것이다. 생각과 감정의 교류에 경청은 필수다. 대표적인 예가 가족회의다. 가족회의를 하며 발언자의 이야기를 경청하는 연습을 할 수 있다. 아들의 말이 장황하더라도 절대 중간에 끊지 말고 끝까지 듣도록 노력해야 한다. 말을 끝까지 듣지 않고 "그래서?", "그리고?" 등으로 질문하는 것은 삼가자. 부모가 잘 들어주는 모습을 보여야 경청 습관을 들일 수 있다. 상대방의 말을 들어주는 침묵을 가르쳐야 한다.

방법을 알려주면 경청에 쉽게 익숙해진다. 대화할 때 주제를 기억하고 상대의 말을 정확하게 듣는 게 중요하다고 가르쳐라. 요점을 파악해서 듣고 상대방의 말을 이해하지 못하면 다시 물어보게 하라. 나중에 주제와 다른 말을 하는 것보다 다시 말해달라고 하는 것이 낫다. 또는 "제가 이해한 것은 이러한데, 이게 맞나요?"라고 되묻는 것을 가르쳐라. 또한 주변 소리에 관심을 갖게 하라. 텔레비전 소리, 자동차 소리, 떠드는 소리 등 일상의 소음에 묻혀 들리지 않는 소리도 있다. 사람의 말소리도 마찬가지다. 집중해서 듣지 않으면 놓치는 게 많다. 평소에 주변 소리에 관심을 갖고 듣는 연습을 하면 경청도 쉬워진다.

힘든 일이 있을 때 누군가 나의 눈을 보며, 내 이야기에 집중해줄 때의 기분을 떠올려보라. 온전히 나의 편이 되어 함께 해주는 사람이 있으면 아무리 힘든 일도 버텨나갈 힘이 생긴다. 아들도 마찬가지다. 부모는 아들에게 이런 태도를 보여야 한다. 하던 일을 멈추고, 휴대폰을 내려놓고 아들의 눈을 마주 보자. 언제든 아들이 하고 싶은 말을 할 수 있도록 늘 들을 준비가 되어 있다는 것을 보여주자.

아들은 부모가 준비되어 있지 않으면 결코 먼저 말하지 않는다. 아들을 기다려주고, 말하면 경청해야 한다. 부모의 이런 태도는 아들에게 경청의 자세를 길러준다.

TIP 경청을 잘하기 위한 방법

대화를 촉진하는 말

"아, 그랬구나", "그래서?", "저런!", "어머나!", "그래서 어떻게 되었니?", "더 자세히 말해줄 수 있겠니?", "무척 놀랐겠구나", "으흠", "응~".

대화를 끝내버리는 말

충고하기, 조언하기, 평가하기, 판단하기. 비판하기, 비난하기, 부모의 생각을 강요하기, 아들의 현재 상황을 별것 아닌 일로 만들기(감정, 처지 등), 지시하기, 명령하기, 경고하기, 협박하기, 논쟁하기, 설득하기, 잔소리하기, 해결책 제안하기.

경청을 위해 살펴야 할 비언어적 표현

말의 속도, 억양, 목소리의 높낮이, 상대방의 눈빛, 시선, 표정, 손짓, 몸짓, 자세.

아들용 잔소리는
짧고, 단호하게

내가 어렸을 적 엄마는 잔소리가 정말 끝도 없었다. 잔소리에 질린 나는 아이를 낳으면 절대 잔소리를 하지 않으리라 다짐했었다. 요즘 나는 아들과 씨름 중이다. "엄마는 잔소리만 한다"며 짜증 내는 아들과 "내가 언제 잔소리했냐"며 항변하는 나의 씨름. 부모가 되니 잔소리가 느는 걸까?

말을 많이 하는 것을 좋아하지 않는데 아들과 관련되면 말이 많아진다. 아들은 잔소리하는 부모의 감정에 공감하지 못한다. 잔소리에 섞여 있는 사실과 감정을 모두 정보로 받아들인다. 그러다 보니 혼란스러워져 귀를 닫아버리는 것이다. 잔소리를 효과적으로 하려면 잔소리를 왜 하게 되는지, 어떻게 해야 할지를 알아야 한다.

잔소리란 무엇인가

잔소리는 아들에 대한 걱정과 사랑이 불안으로 나타나 필요 이상으로 간섭하는 말이다. 필요 없는데 하는 말, 필요는 하나 과한 말로 정의할 수 있다. 잔소리는 사람마다 기준이 다르다. 듣는 사람이 잔소리로 느끼면 아무리 좋은 말도 잔소리가 된다. 부모가 잔소리하는 이유는 뭘까? 대부분 자식이 바르게 자라기를 원해서이다. 잔소리를 듣는 아들도 그렇게 느낄까? 그렇지 않다. 말 그대로 잔소리로 느낀다. 나를 위해서 하는 말인 것은 어렴풋이 알고 있으나 변화의 변곡점이 되지는 않는다. 아들의 변화를 위해서는 잔소리를 왜 하게 되는지 알아야 효과적으로 할 수 있다.

김세웅 정신의학과 전문의는 〈정신의학신문〉 칼럼에서 잔소리의 원인을 다음과 같이 밝혔다. 첫 번째, 나르시시즘(자기애)의 하나로 나의 우월함, 내 생각의 절대적 옳음을 확신해서이다. 두 번째, 상대방이 알아듣지 못할까 봐 걱정돼서, 완벽하게 전달하려는 강박에 의해서다. 세 번째, 실패나 좌절을 경험하지 않았으면 하는 마음과 더 많은 이야기를 해주고 싶은 마음 때문이다. 많이 반복해서 말하면 시행착오를 줄일 거라는 기대도 포함된다. 네 번째, 화·분노의 표현이다. 내용 자체는 분명 화를 내는 것인데 순화해서 말하는 경우이다. 다섯째, 잔소리를 많이 하던 대상(부모, 상사, 선배)과의 동일시로 인해서이다.

정윤경 가톨릭대학교 심리학과 교수는 "아이를 사랑해서 잔소리한다고 부모들은 말하지만, 밑바닥에는 아이를 통제하고자 하는 마음, 엄마로서의 자존감 부족, 아이와 나를 분리하지 못하고 동일시하는 마음이 있다"라고 설명했다. 정윤경 교수는 "아이를 키우는 잔소리가 있고, 아이를 죽이는 잔소리가 있다"고 덧붙였다. 아이를 죽이는 잔소리는 당장 눈앞에 벌어진 문제에 집중하고 아이의 마음을 살피지 않는다. 부모의 생각을 일방적으로 강요하고 아이의 말을 듣지 않는다. 아들이 잘 자라기를 바라는 마음에 시작한 잔소리는 아들을 통제하게 된다.

아들을 위해 하는 잔소리 때문에 아들은 마음의 문을 닫고 부모와 멀어진다. 아들이 부모의 말을 흘려듣는다면 지금 하는 건 잔소리이다. 훈계, 충고는 길어질수록 효과가 떨어진다. 아들도 자기가 잘못한 것을 알고 있다. 어느 정도 부모의 훈계를 참고 듣는다. 그러나 길어지면 결국 잔소리로 인식하고 핵심을 잊어버린다.

아들에게 잔소리할 때 원인을 생각해보자. 부모가 잔소리하는 원인을 알면 아들에게 도움이 되는 잔소리로 바꿀 수 있다. 아들에게 독이 되는 잔소리가 아닌, 득이 되는 잔소리를 해야 한다.

잔소리의 원칙

잔소리에도 방법이 있다. 아들은 아들에게 맞는 잔소리법을 찾아야 한다. 아들은 과업 중심적이다. 한 번에 하나의 일만 할 수 있다. 잔소리도 마찬가지다. 하나의 행동에 대해서만 말해야 한다. 다른 행동을 지적하거나 지난 일을 얘기하면 잔소리는 힘을 잃는다. 잔소리가 길어지고 반복되는 것은 부모가 감정을 충분히 전달하지 못했다고 느껴서다. 잔소리가 길어지면 아들은 불안해지고 짜증이 난다. 귀를 닫아버린다.

잔소리는 단호하고 짧게 해야 한다. 절대 잔소리를 길게, 장황하게 하지 말자. 아들이 부모의 의도를 이해했다면 그걸로 충분하다. 최대한 적은 수의 단어를 사용해서 말하라.

잔소리하기 전에 마음을 가다듬고 꼭 해야 할지 생각하라. 꼭 해야 한다면 어떤 말을 할 것인지 고민하라. 말하기로 했다면 중요한 내용을 먼저 말하고 말이 반복되지 않도록 한다. 버럭 화를 내기보다 화난 정도를 말해주는 게 좋다. 잔소리할 때도 아들이 생각할 여지를 남겨주자. 그래야 쉽게 받아들인다.

잔소리가 줄거나 멈추면 아들은 긴장한다. '엄마가 왜 말을 안 하지. 무슨 일이 있나'라고 궁금해한다. 긴장하고 눈치를 본다. 그것만으로도 긴 잔소리보다 효과적이다. 서로 기분 상하지 않고 훈육하는 방법이 된다. 말수를 줄이고 행동으로 보여라.

아들은 간단하고 규칙적인 것을 좋아한다. 잔소리 기준을 세워보자. 나만의 잔소리 기준이 있으면 걱정거리도 잔소리도 줄어든다. 잔소리하고 싶을 때는 내 아들이 아니어도 잔소리할 만한 행동일 때만 주의를 주자. 안전과 관련 있는 위험한 행동은 엄격하게 훈계해야 한다. 잔소리하기 전에 아들에게 대안을 주고 선택하게 하자. 스스로 한 선택은 책임지게 하는 것이 중요하다.

내일까지 끝내야 하는 숙제가 있는데 "숙제를 다 끝내지 않으면 알아서 해"라고 말하면 효과가 없다. "숙제를 먼저 끝내고 게임 할래? 아니면 게임을 하고 저녁 8시까지 숙제를 끝낼래?"라고 대안을 주고 아들이 선택하게 해야 한다.

잔소리할 때는 "오늘 수요일이네"라는 일상적인 말을 할 때처럼 하면 된다. 차분하게 낮은 목소리로 감정을 담지 말고 말하라. 부모가 화를 너무 많이 내는 것도 좋지 않다. 그러나 잔소리를 줄이려고 꼭 필요한 말조차 하지 않으면 곤란하다. 한계는 명확하게 알려줘야 한다. 한계나 기대를 차분하게 말하라.

일일이 설득할 필요는 없다. 부모가 완전히 바뀌어야 하는 것도 아니다. 지금도 잘하고 있다. 지금 하는 것에서 10%만 바꾸고 90%는 하던 대로 하면 된다.

잔소리할 때 유의할 것들

나는 반응이 많지 않은 준호가 극적인 반응을 보이면 잔소리의 효과라고 생각했다. 잔소리하고 나면 준호가 울면서 반성하거나 마음에 들지 않는 행동을 고쳤다. '역시 남자애들은 좋은 말로 해서는 안 돼'라고 생각하며 나의 잔소리 스킬에 만족했다.

그러나 며칠 못 가 다시 제자리였다. 잔소리의 강도는 점점 세졌다. 결국 아들과 싸우고 있는 나를 발견하고 멈췄다. 잔소리하다 보면 감정이 격해질 때가 있다. 그러면 하지 말아야 할 말이 튀어나온다. 거르지 않고 나온 말은 아들에게 상처를 남기고 부정적 영향을 미칠 수 있다. 좋은 말이 아니기 때문에 더 조심해야 한다. 아들이 건강하게 자라기를 바란다면 말속에 숨어 있는 칼을 조심하자.

다음은 조심해야 할 잔소리이다.

첫 번째는 '무시하는 말'이다. "숙제도 제대로 안 해놓고 뭐가 되려고 그래?", "거봐, 내가 그럴 줄 알았어"와 같은 말은 아들을 무시하는 것이다. 아들은 '나는 잘할 수 없어'라고 생각하게 된다. 자신감을 잃고 스스로 결정하지 못하게 된다.

두 번째는 '의심하는 말'이다. "양치 진짜로 했어?", "이걸 네가 했다고?" 등의 말은 의심의 표현이다. 이런 말을 들은 아들은 부모가 자신을 믿지 못한다고 생각한다. 아들은 자신도 타인도 믿지 못하게 된다. 의심하는 말은 아들의 건강한 성장을 가로막는다.

세 번째는 '위협하는 말'이다. "한 번만 더 그러면 다시는 안 해준다", "또 그러면 진짜 혼날 줄 알아" 같은 말은 아들에게 불안감을 느끼게 한다. 아들은 실수하고 또 실수하면서 배운다. 그 과정을 기다려주지 못하고 공포를 조성하면 공격성을 키울 수 있다. 아무리 화가 나도 위협하는 말은 하지 말자.

네 번째는 '강요하는 말'이다. "시키는 대로 해", "그렇게 하지 말라고 몇 번을 말해. 이렇게 하라고!" 등은 부모의 생각을 강요하는 말이다. 아들이 한 행동의 이유를 알면 부모의 방식만을 고집할 수 없다. 부모는 아들이 왜 그렇게 행동했는지에 대해 궁금해해야 한다. 그렇지 않으면 아들은 자기 주관이 없는 어른으로 자랄 것이다.

방학이 되어 준호는 평소보다 게임을 많이 하게 됐다. 생각보다 스스로 관리가 잘 안 돼 컴퓨터에 시간 제한을 걸었다. 퇴근 후 할 일이 있어 노트북을 켰는데, 바탕화면에 삭제 파일 흔적이 남아 있었다. 준호가 즐겨 하는 게임 파일이었다. 자신의 컴퓨터에 시간 제한이 걸리자 몰래 엄마 컴퓨터로 게임을 하고 삭제한 것이다. 삭제 파일이 확인되는지는 전혀 모른 채 말이다. 준호에게 확인하자 자기는 그런 적이 없다며 발뺌을 했다. 더 화가 난 나는 "다시는 게임 못할 줄 알아! 그렇게 거짓말을 밥 먹듯이 하면 커서 뭐가 되려고 그래? 사기꾼이 꿈이니?"라며 잔소리를 쏟아부었다.

잔소리는 성공하지 못했다. 한계를 제대로 정해주지도 못했고 준호의 탓만 했다. 감정을 폭발시켜 공포를 조성했다. 제일 큰 실수는 위협하고 무시하는 말을 해버린 것이다. 심지어 지킬 수도 없는 말을 마구 뱉어냈다. 게임을 못 하게 하는 건 절대 불가능한 일인데 말이다. 준호는 서럽게 울며 두려움에 떨었다. 나쁜 잔소리 여러 개를 한꺼번에 들었으니 그럴 만도 했다. 나중에 준호와 얘기를 하고 나서 잔소리의 실패를 여실히 깨달았다.

준호는 "잘못한 거는 알았는데 엄마가 무섭게 계속 얘기하니 나중에는 억울한 마음만 들었어요"라고 말했다. 잔소리할 때도 지켜야 할 원칙이 있다.

아들은 잔소리 없이 키우기 힘들다. 잔소리는 아들이 잘 자라기를 바라는 마음의 표현이다. 그러나 잘못하면 독이 된다. 잔소리하는 원인도 부모의 내면에 따라 다르다. 잔소리에 대해 알면 아들에게 도움이 되는 잔소리를 할 수 있다.

잔소리는 짧고 단호하게 해야 한다. 감정을 내세우지 말고 차분하게 말해야 한다. 잔소리할 때 특히 주의해야 할 것이 있다. 아들을 무시하거나 의심하지 말아야 한다. 위협하고 강요해서도 안 된다. 부모의 잘못된 잔소리는 아들의 마음에 큰 상처를 남긴다. 아들의 건강한 성장을 위해 잔소리를 공부하자. 이것이 부모의 의무이다.

✏️TIP 아들에게 맞는 잔소리 방법

① 아들을 통제하는 잔소리는 효과가 없어요
부모의 기준에서 판단하고 통제하려는 말은 아들에게 큰 의미가 없어요. 아들도 이미 잘못한 걸 알고 있기 때문에 다시 한번 언급해주는 것만으로도 효과가 있어요.

② 나만의 잔소리 기준을 세워보세요
'잔소리하기 전에는 세 번 이상 다시 생각해본다', '안전과 관련된 위험한 상황이 아니면 잔소리하지 않는다' 등과 같이 나만의 기준이 있으면 잔소리를 줄일 수 있어요.

③ 잔소리할 때 이것만은 피해주세요
화내면서 하는 잔소리, 감정이 온전히 실린 잔소리, 큰소리로 고함치듯 하는 잔소리, 무시하고 의심하고 위협하고 강요하는 잔소리는 아들에게 효과도 없고 상처만 남겨요.

문제보다 해결 과정에
집중할 것

    사회복지사는 도움이 필요한 이들이 어려움을 해결해나가는 과정을 돕는다. 그 과정에서 가장 중요한 것은 스스로 일어서게 돕는 것이다. 도움이 필요한 당사자들과 상담하며 해결 방안을 찾아간다. 이때 관건은 사회복지사의 관점이다. 사회복지사가 당사자들을 어떻게 바라보고 어떤 방식으로 돕는지에 따라 결과가 달라진다. 당사자를 해결의 주체로 보느냐, 객체로 보느냐에 따라 달라지는 것이다. 아들을 키우는 것도 마찬가지다. 아들을 삶의 주체로 살게 할 것인지, 객체로 살게 할 것인지는 부모의 관점에 달렸다.

    아들과 대화할 때 문제에 집중하다 보면 결국 잔소리로 이어진다. 독립성과 경쟁심이 강해 다른 사람이 간섭하는 것을 싫어하는 아들에게 잔소리는 무기력함을 느끼게 한다. 아들은 안 들으려고 하고 부모는 아들의 태도를 더 통제하게 된다. 결국 아들은 자기 생각대로 하겠다며 고집을 부리게 된다. 그렇게 아들과의 소통이 단절된다. 아들과 소통을 잘하려면 아들이 대화에 참여해야 한다. 아들은 자신이 대화에 주도권이 있다고 생각하면 적극적으로 참여한다. 아들과 문제가 아닌 해결 과정 중심으로 대화해보자. 아들이 스스로 생각하고 방법을 찾는 주도적 과정이 소통을 돕는다.

문제에 집중하면 문제만 보인다

영어 공부방 선생님으로부터 전화가 걸려왔다. 발신자를 확인하는 순간 가슴이 철렁 내려앉았다. 평소에도 메시지나 전화로 준호에 대한 걱정을 자주 전달받았던 경험 때문이었다. 통화 내용은 예상을 벗어나지 않았다. 수업 시간에 게임을 했는데 준호가 지는 걸 참지 못하고 화를 냈다고 했다. 씩씩거리며 책상을 치는 행동을 했는데 종종 있는 일이어서 연락을 했다는 것이다.

선생님은 줄줄이 준호의 문제를 읊었다. 듣다 보니 참 문제가 많은 아이로 느껴졌다. 마음이 어지러웠다. 일단 아이와 이야기해보겠다고 하고 통화를 마쳤다. 당장 준호를 불러다 혼내고 싶은 마음을 꾹 누르고 대화를 했다.

"준호야, 오늘 영어 선생님과 통화했는데 준호가 수업 시간에 화를 내서 다른 친구들에게도 피해를 주는 것 같다고 하셨어."

"…"

"어떤 일이 있었는지 자세히 말해줄래?"

"게임을 했는데 져서 화가 났어요. 그리고 단어 시험을 봤는데, 글씨를 알아볼 수 없게 써서 틀렸다고 해서 기분이 나빴어요."

"게임을 했는데 져서 화가 났구나. 아는 단어인데도 글씨 때문에 틀려서 속상했고."

"네. 그래서 책상을 쳤어요. 그건 잘못했다는 걸 알아요."

"그럼, '아이씨'라는 말은 어느 때 했을까?"

"아쉽게 틀렸거나 내 마음대로 안 될 때 했던 것 같아요. 많이 하지는 않았어요."

"그랬구나, 준호의 행동이 다른 친구들에게 어떻게 보였을까?"

"불편했을 것 같아요. 이제 안 그럴 거예요."

"준호가 화가 나거나 속상한 일이 있어도 책상을 치거나 '아이씨'라고 말하지 않았을 때는 언제니?"

"마음속으로 숫자를 세거나 다른 생각을 했을 때요. 제가 정말 잘못했을 때요."

"화가 났지만 참으려고 노력했을 때는 그런 행동을 안 했구나. 그리고 준호가 잘못을 인정했을 때도 그렇고."

"네…. 이제 화가 나도 그렇게 하지 않고 참아볼게요."

대화를 통해 준호는 어떤 상황에서 자신이 그런 행동을 하는지, 어떻게 해결해왔는지를 알아냈다. 물론 행동이 바로 고쳐지지는 않는다. 다시 반복할 가능성이 크지만 행동을 인식한 것만으로도 큰 성과다. 그렇게 조금씩 변화해가는 것이다.

문제가 아닌 해결 과정에 집중해야 변화가 가능하다. 보이는 문제에만 몰입하다 보면 문제만 보이고 사람을 보지 못한다. 기계라면 고장난 문제의 원인만 해결하면 되지만, 아들은 사람이다. 사람이기 때문에 실수하고, 나아지고 또 실수한다. 그래서 문제가 아닌 해결 과정이 중요하다. 영어 선생님에게 서운했던 건 준호와 문제를 해결하고 나아갈 방법을 함께 찾고자 하는 마음이 안 느껴져서였다.

준호는 영어 공부방에서 문제가 될 만한 행동을 했다. 영어 선생님은 행동이 고쳐지지 않으면 수업을 더 이상 받을 수 없다고 했다. 행동을 단시간에 고칠 자신이 없어 준호는 공부방을 그만두었다. 이 일은 준호의 마음에 상처를 입혔고 실패의 경험으로 남았다.

영어 선생님이 문제 중심이 아닌 해결 중심으로 생각했더라면 어땠을까 하는 아쉬움이 남는다. 준호가 변할 수 있게 돕고 기다려줬다면 실패가 아닌 성공의 경험이 되지 않았을까? 관점은 그래서 중요하다. 요즘 준호와 나는 실패의 경험을 변화의 기회로 삼기 위해 부단히 노력 중이다.

해결 과정에 집중하면 아들이 변한다

사회복지 실천 방법의 하나인 해결 중심 모델은 김인수와 스티브 드세이저Steve de Shazer 연구팀(미국 밀워키단기가족치료센터)이 개발했다. 해결 중심 모델은 목표를 수립하는 데 초점을 둔다. 문제를 해결하는 것보다 해결해본 경험, 문제가 일어나지 않았던 예외적 경험을 중요하게 생각한다. 문제를 찾고 해결에 중점을 두는 전통적 모델과는 다르다. 이 실천법은 아들 양육에도 적용할 수 있다. 대화하며 아들이 문제를 해결해왔던 경험, 문제가 발생하지 않았던 예외적 상황을 찾도록 돕자.

아들이 어떻게 변하고 싶은지 고민하게 해야 한다. 문제를 해결하기 위해서는 아들의 변화가 우선이다.

강점관점 해결중심 사례관리 실천은 이용자의 변화는 사회복지사의 전문성이 아닌 이용자 자신이 만들어낸다고 믿는다. 아들도 마찬가지다. 부모의 노력이 아니라 아들 자신이 변화를 만들어낸다고 믿어야 한다. 부모는 아들이 원하는 변화를 알아내고 아들이 변화할 수 있도록 도와야 한다.

아들이 원하는 대로 변하기 위해서는 해결 과정에 초점을 맞춰야 한다. 한 번이라도 효과가 있었던 방법을 찾아야 한다. 사람은 새로운 것을 배우는 것보다 해봤던 것을 쉽게 느낀다. 효과가 없는 방법만 시도하다 보면 성공할 수 있는 다른 대안을 못 보게 된다. 상황은 더 안 좋아지고 원하는 변화를 만들어낼 수도 없게 된다.

아들이 원하는 변화는 아들에게 중요한 것이어야 한다. 사람은 자신이 중요하다고 생각하는 것에 몰입한다. 아들이 원하는 변화에 관해 이야기하자. 변화는 작고 구체적인 것부터 시작해야 한다. 행동으로 옮길 수 있고 변화 여부를 쉽게 알 수 있어야 한다. 좋은 변화라 해도 실제로 이룰 수 없는 것이라면 소용이 없다.

부모는 아들이 이룰 수 있는 변화 목표를 세울 수 있게 도와야 한다. 아들이 원하는 변화가 실제 이룰 수 있는 것인지는 아들과 상의하라. 아들이 변화를 시도할 때 쉽게 이뤄지지 않을 수 있다는 것을 미리 알려줘라. 실패에 대비할 수 있게 하면 아들의 자존심을 지킬 수 있다.

변화 목표를 세우기 위해서는 아들의 생각을 궁금해해야 한다. 사회복지 실천 방법의 하나인 해결중심 사례관리에서는 이를 '알고 싶어 하는 자세'라고 한다. '알고 싶어 하는 자세'는 아들을 진심으로 궁금해하는 것이다. 자기 생각이나 기대를 말하지 않고 아들의 생각을 궁금해하고 더 많이 들으려고 노력하는 자세이다. 아들이 뭘 중요하게 생각하고 또한 하고 싶어 하는지 아는 게 가장 중요하다. 아들이 이야기할 때는 긍정적인 자세로 들어야 한다. 적극적으로 반응해서 아들 편이라는 것을 알려줘야 한다. 그래야 해결 방법을 함께 찾을 수 있다.

테스토스테론의 영향을 받는 아들의 과격한 행동들은 문제를 일으킬 것같이 느껴진다. 실제 문제가 될 수도 있다. 하지만 지금, 여기에서 나타나는 문제에만 집중하지 말자. 아들이 문제를 일으키지 않았던 경험, 어려운 상황을 이겨냈던 경험을 떠올리게 하자. 문제에 집중하지 않아도 해결 방법을 찾을 수 있다. 문제를 제거해야만 상황이 나아지는 것이 아니다.

아들과 대화할 때 문제가 아닌 변화에 관해 이야기하자. 어떻게 변하고 싶은지, 어떤 방법을 써볼 수 있는지 스스로 생각하게 하는 것이다. 아들이 강점을 활용해 삶의 주체가 되어가는 법을 가르치자. 그러면 문제는 자연히 줄어든다.*

---

* 강점관점 해결중심 사례관리에 관한 내용은 《강점관점 해결중심 사례관리》(노혜령·김윤주, 학지사, 2020)를 참조했다.

TIP 해결 과정에 집중하는 질문 기법

① 예외 질문

예외는 살면서 문제가 생길 것으로 생각했지만 발생하지 않았던 상황을 말한다.

성공 경험과 아들의 강점을 활용하면 예외가 일어날 가능성이 커진다. 아들이 문제를 해결할 방법이 많아진다.

질문: "그런 일이 일어나지 않았던 때는 언제이니?", "그때는 어떻게 그럴 수 있었니?"

② 대처 질문

어떤 상황이 발생했을 때 어려움 속에서도 어떻게 견뎌냈는지를 묻는 말이다. 질문을 통해 아들은 어려운 상황에서도 자신이 잘 대처해나가고 있다고 생각하게 된다. 사회복지 상담에서는 어려움과 위기에서 어떻게 생활해왔는지, 어떻게 희망을 버리지 않을 수 있었는지를 질문한다. 질문을 받으면 자신이 어려운 상황을 견디기 위해 했던 방법을 떠올린다. 자신이 어려움을 이겨낼 수 있다는 것을 알게 되고, 자신감을 품기도 한다.

질문: "그 상황에서 어떻게 견딜 수 있었니?"

스스로 생각하는 힘을
기르는 질문

아이가 말문이 트이면 질문을 쏟아낸다. 일상적인 것부터 허무맹랑한 질문까지 매우 다양하다. 말을 하는 것도 신기한데 무엇인가를 궁금해하는 모양새도 무척 경이롭다. 아들이 질문을 시작하면 처음엔 대견한 마음에 열심히 대답한다. 그러나 시간이 지날수록 조금씩 귀찮아진다. 반복되는 질문과 대답하기 모호한 질문으로 피곤해지기도 한다. 결국 아이의 질문 공세에 부모는 눈 한번 마주치지 않고 건성으로 대답한다.

아이가 커갈수록 질문은 점점 줄어들다 더 이상 질문을 들을 수 없게 된다. 대답해주지 않는 부모가 아닌 인터넷, 유튜브, 친구가 그 역할을 대체하기 때문이다. 그러면 부모와 아이의 관계는 멀어지고 아이의 생각은 좁아진다.

특히 자극적인 것에 끌리는 아들은 부모와 대화가 줄어들면 미디어에 대한 의존도가 더 높아진다. 미디어에 많이 노출될수록 뇌의 활동에도 안 좋은 영향을 끼친다. 생각을 물어도 단답형으로 대답하는 아들과 소통하려면 부모가 대화를 주도적으로 끌어가야 한다. 이때 필요한 게 질문이다. "예", "아니오"의 답이 나오는 질문이 아닌, 생각해서 답할 수밖에 없는 질문을 던져야 한다. 아들의 생각하는 힘을 키워주기 위해서는 질문을 활용해야 한다.

생각하는 힘을 기르는 질문

사람은 생각하는 동물이다. 생각을 통해 발전한다. 생각은 여러 방식으로 이뤄진다. 혼자만의 사색, 다른 사람과의 토론, 질문에 답하기 등을 통해 발전한다. 그중에서도 질문은 생각을 확장하는 효과가 가장 크다.

고대 그리스 철학자 소크라테스는 "인간이 지닌 최고의 탁월함은 자신과 타인에게 질문하는 것"이라고 했다. 피터 드러커도 "질문 없이는 통찰도 없다", "심각한 오류는 잘못된 답 때문이 아니다. 잘못된 질문이 정말 위험한 것이다"라고 했다. 현자들은 질문의 필요성, 올바른 질문의 중요성을 강조하고 있다.

세계 인구 중 유대인 인구는 0.2%이다. 하지만 노벨상 수상자는 약 25%를 차지한다. 세계를 선도하는 IT 기업 창업자와 CEO도 다수 배출했다. 대한민국은 유대인보다 인구가 3.5배 많으나 노벨상 수상자는 한 명에 그친다. 두 민족은 지능지수IQ도 비슷하다.

그런데 노벨상 수상자 및 세계를 이끄는 인재 배출에 두 나라 사이에 차이가 나는 이유는 뭘까? 바로 교육이다. 유대인 교육의 핵심은 질문이다. 유대인 부모는 자녀에게 다양한 질문을 한다. 답을 먼저 알려주지 않고 질문을 통해 호기심을 극대화한다. 답을 탐구하는 과정에서 창의적 사고가 확장된다. 학교와 가정에서는 일상적으로 질문과 토론에 기반한 '하브루타 교육'을 한다.

질문 중심의 교육은 유대인을 '자발적으로 생각하는 사람'으로 키웠다. 질문 중심 교육을 받은 유대인들은 뛰어난 능력을 발휘하고 놀라운 업적을 달성했다. 우리가 잘 아는 아인슈타인, 쇼팽, 프로이트, 마르크스, 채플린, 샤갈, 빌 게이츠, 스티브 잡스, 마크 저커버그 등이 그들 중 하나이다.

아들이 성공하기 위해서는 생각하는 힘을 키워야 한다. 부모는 말하는 사람이 아닌 질문하는 사람이 되어야 한다. 아들에게 중요한 것은 자기 말을 들어주는 부모의 반응이다. 부모가 질문하고 아들의 말을 잘 들어주면 아들도 듣기 시작한다. 듣기는 아들이 스스로 생각하는 힘을 기르는 첫 번째 단계이다.

부모의 의견을 강요하거나 해결 방법을 제안하지 말자. 아들에게 말할 기회를 주고 들어주자. 아들이 말을 시작하면 부모가 질문할 기회도 늘어난다. 아들도 질문하게 하라. 서로 질문이 오가며 생각이 확장된다. 중요한 것은 그 과정에서 아들의 감정을 인정해야 한다는 것이다. 그러면 아들은 부모를 믿고 계속해서 말할 것이다. 부모는 말하지 말고 기다려라. 꾸짖지 말고 기다려라. 아들에게 질문하고 스스로 방법을 찾도록 기다려줘라. 아들은 충분히 스스로 해결할 힘이 있다. 부모는 질문을 통해 아들의 생각을 자극하기만 하면 된다.

질문에도 방법이 있다

....

이야기할 준비가 되지도 않았는데 질문을 퍼부어대면 아들은 대화할 의지를 잃는다. 아들이 말하고 싶어 하지 않는데 꼬치꼬치 캐묻지말자. 아들은 뇌의 구조상 자신의 감정과 생각을 잘 표현하지 못한다. 부모가 먼저 자신의 이야기를 하자. "오늘 이런 일이 있었는데, 이런 기분이 들었어", "이럴 때는 이렇게 하려고 하는데, 너의 생각은 어때?"라고 이야기를 풀어가면 아들도 생각하게 된다. 말할지 말지 결정하는건 아들의 몫이다. 궁금한 게 있으면 확실하게 답이 정해져 있는 질문을 하자. 아들은 답이 정해져 있으면 편하게 느낀다. "점심 메뉴는 뭐였니?", "제일 친한 친구가 누구니?" 등과 같이 말이다.

질문할 때도 아들이 더 많이 말할 수 있는 질문을 해야 한다. 답이 정해져 있지 않아 자유롭게 응답할 수 있는 질문을 '개방형 질문'이라고 한다. 반대로 응답할 항목이 정해져 있어 그중에 답을 택하는 것은 '폐쇄형 질문'이다.

개방형 질문은 강제성이 없어 다양한 답이 나올 수 있다. 상세한 부분까지 말할 수 있고 질문자가 설명을 요구할 수도 있다. 폐쇄형 질문은 항목이 명확해 신속한 응답이 가능하다. 다른 해석이나 편견의 개입이 적다. 필요에 따라 질문을 활용해야겠지만, 아들의 입을 열게 하는 질문은 개방형 질문이다.

아들의 이야기를 더 듣고 싶을 때 활용할 수 있는 방법은 다양하다. 먼저 질문을 할 때 '세부적으로 물어보는 것'이다. 그다음 궁금한 내용을 세부적으로 다시 묻는 방법이다. "영어 학원에 가기 싫은 이유를 더 말해줄래?"처럼 말이다. 두 번째는 '설명해달라고 요청하기'이다. 아들이 말한 내용을 조금 더 자세히 설명해달라고 부탁하는 것이다. 이해가 되지 않은 부분을 솔직히 말하고 그 부분에 대한 설명을 요청하라. 아들은 자기 말을 귀담아 들어준다고 느끼고 더 자세히 설명하기 위해 노력할 것이다. 단, 아들이 말하기 꺼릴 때는 너무 깊숙이 캐묻거나 재촉하지 말아야 한다.

아들은 질문을 받으면 질문의 이유를 생각한다. 질문의 답이 늦어지는 이유다. 아들이 생각할 시간을 기다려주는 게 좋다. 바로 답을 하지 못한다면 "생각해보고 정리가 되면 말해줘. 언제든 기다리고 있을게"라고 말해주는 게 좋다. 질문의 의도를 먼저 설명해주는 것도 도움이 된다. 답을 유도하지 말고 스스로 찾게 하라. "이럴 땐 어떻게 하는 게 좋겠니?", "뉴스가 정확한 걸까?", "이렇게 된 이유는 뭘까?" 같은 비판적으로 사고할 수 있는 질문을 던져라. 아들의 문제 해결력, 창의성, 추론력, 판단력이 향상된다.

아들의 질문을 놓치지 마라

EBS 방송 프로그램 〈0.1%의 비밀〉에서 메타 인지 능력을 다뤘다. 성적이 상위 0.1%인 학생들과 보통인 학생들의 차이점을 알아보는 실험에서 '메타 인지 능력'의 차이가 발견되었다. 메타 인지 능력이란 자신의 인지 과정을 한 차원 높은 시각에서 바라보고 발견해 통제하는 정신 작용이다. 즉 '자신의 인지 정도를 파악하고 조절하는 능력'이다. 상위 0.1%의 학생들은 '자신이 모르는 것에 대해 인지'하고 있었다. 질문은 내가 뭘 알고 모르는지 인지해야 할 수 있다. 질문하지 않는 것은 자신에 대해 정확한 인식이 되어 있지 않아서이다. 메타 인지 능력이 부족한 것이다.

아이가 혼자서 걸으려면 평균 3000번은 넘어져야 한다고 한다. 넘어지면 일어나는 법을 고민해보고 균형을 맞춰보고 왜 넘어졌는지를 생각해봐야 한다는 것이다. 즉 스스로 생각하고 탐구하는 과정이 있어야 발전하는 것이다.

아들이 성장하려면 실수해보고 궁금해하고 스스로 답을 찾아봐야 한다. 그 과정에서 가장 중요한 것은 '질문'이다. 아들의 질문은 매우 중요하다. 질문을 해야 메타 인지가 발달한다. 아들이 질문하면 놓치지 마라. 아무리 사소한 질문이라도 귀 기울여 들어줘야 한다. 질문에는 옳고 그름이 없다. 질문을 평가하지도 말라. 아들의 순수한 호기심에서 우러나온 모든 질문은 옳다.

질문을 통해 스스로 생각하는 힘을 키우려면 질문하기가 일상적으로 이뤄져야 한다. 대화를 나눌 때 부담 없는 주제부터 시작해보자. 자연스럽게 아들에게 질문하며 소통하는 것이 좋다. 부모만 질문해서는 효과성이 100% 발휘되지 않는다. 아들이 질문하게 해야 한다.

아들이 질문할 때 조심해야 할 게 있다. 첫 번째는 아들이 질문하면 미루지 말고 바로 대답해야 한다. 아들의 질문을 무심코 넘기면 아들은 무시당했다고 생각한다. 점점 대화가 단절될 것이다. 두 번째는 답을 바로 가르쳐주지 않는 게 좋다. 노력 없이 해결되는 것은 지식으로 남지 않는다. 스스로 답을 찾아보도록 하라. 찾는 방법을 알려주면 더 효과적이다.

아들에게 무엇인가를 가르칠 때는 부모가 먼저 '왜'라는 질문을 해봐야 한다. 부모가 명확한 관점이나 지식이 없는데 아들을 제대로 가르칠 수는 없다. 아들과 함께 탐구하고 배워야 한다. 부모라고 해서 만능으로 보일 필요는 없다. 모른다는 걸 인정하고 공부하는 모습을 보이면 오히려 신뢰도가 높아진다. 부모도 질문의 힘이 필요하다. 아들을 가르칠 때뿐만이 아니다. 양육 과정에서도 중요하다. 예를 들면 아들을 학원에 보낼 때 '다른 애들에 뒤처질까 봐 불안한 마음' 때문인지, '아들에게 꼭 필요해서인지' 스스로 질문해보면 답을 찾을 수 있다. 질문을 일상화하자.

질문은 스스로 고민하고 생각하게 한다. 질문은 생각의 폭을 넓혀준다. 질문은 마음의 거리를 좁혀준다. 질문은 생각하는 힘을 길러준다. 아들의 생각을 키우는 가장 좋은 방법은 질문이다. 좋은 질문을 하면 좋은 답이 돌아온다.

아들에게 좋은 질문을 하자. 폐쇄형 질문보다는 자기 생각을 폭넓게 표현할 수 있는 개방형 질문을 하자. 아들이 하는 질문을 놓치지 말자. 질문하면서 자신에 대해 알아간다. 질문한다는 건 관심이 있다는 것이고, 더 알고 싶다는 표현이다. 아들이 질문하면 미루지 말고 바로 대답하되, 답을 바로 알려주지는 말자. 아들이 스스로 답을 탐구해볼 기회를 만들어줘야 한다.

🔧 TIP 생각하게 만드는 질문의 기술

① 개방형 질문을 하세요

"예", "아니오"와 같은 답을 할 수밖에 없는 질문은 폐쇄형, 닫힌 질문이에요. 폐쇄형 질문으로는 아들의 생각을 들을 수가 없어요. "어떻게 생각하니?", "너는 어떤 기분이 들었니?"와 같이 자신의 마음과 생각을 살펴보고 답할 수 있는 개방형 질문이 효과적이에요.

② 단일 질문을 하세요

단일 질문이란 한 번에 한 가지만 묻는 것을 말해요. 한 번에 여러 가지를 묻는 것은 복합 질문이라고 해요. "왜 대답을 안 하니? 엄마 말을 무시하는 거니?" 같은 질문이죠. "지금 대답을 하지 않는 이유를 말해줄래?"처럼 한 가지 질문만 해야 이해해요. 아들은 여러 가지를 한 번에 말하면 이해하기 힘들어해요.

③ 때를 잘 맞춰야 해요

질문도 '때'가 있어요. '적시'에 질문해야 해요. 한참 지난 뒤에 질문하면 기억도 잘 안 날 분만 아니라 기억이 왜곡될 수 있어요. 더 중요한 '때'는 아들이 집중하기에 좋은 시간이나 부모가 원하는 답을 할 확률이 높은 때를 말해요. 아들이 뭔가에 집중하고 있거나 기분이 나쁜 상황이라면 제대로 질문에 답할 수가 없으니까요.

④ 선택형 질문을 활용하세요

아들이 무엇인가를 해야 한다면 개방형 질문으로는 원하는 결과를 얻기가 어려워요. 이럴 때는 선택형 질문을 활용할 수 있어요. 아들이 선택할 수 있는 두 가지 안을 제시하세요. 이때 둘 중 하나는 '만족스럽거나, 성가시지 않은' 안을 제시하세요.

4장

아들에게 맞는
훈육의 기술

꾸짖는 이유를
확실하게 알려주기

아들을 키우는 엄마들은 목소리가 대체로 크다. 말을 잘 듣지 않고 위험한 행동을 일삼는 아들을 제지하려면 큰 목소리가 필수이기 때문이다.

아들의 뇌는 회백질 비율이 높아 뇌의 활동을 하나의 영역으로 제한하므로 한 번에 여러 가지 일을 처리하지 못한다. 들을 때도 좌뇌만 사용하다 보니 구체적이고 직접적으로 말해야 이해한다. 목소리가 커지는 이유이다. 그러나 이것이 반복되다 보면 아들도 면역이 생겨 한 귀로 듣고 한 귀로 흘려버린다.

아들 훈육의 초점은 '상황에 맞는 적절한 행동과 자기 조절을 가르치는 것'이다. 사회생활에 잘 적응하고 원만히 살아가기 위한 준비 과정이다. 아들을 바르게 키우고 싶다면 아들에게 맞는 훈육 기술이 있어야 한다. 부모가 올바른 훈육 기술을 갖고 있지 않으면 아들을 도울 수 없다.

꾸짖기 전에 준비가 필요하다

부모들은 꾸중을 왜 할까? 아들이 올바르게 자라기를 바라서이다. 꾸중하다 보면 어떨 때는 이유가 명확하지 않을 때가 있다. 아들의 행동이 마음에 들지 않거나 부모의 기분이 좋지 않아서 등이 대표적이다. 이런 꾸중은 '효과 없는 꾸중'이다. 상황에 맞지 않거나 감정적인 훈계는 반발심만 일으킨다. 아들의 분노를 폭발시키는 기폭제가 될 수도 있다. 꾸중이 잔소리가 되지 않고 효과적으로 되려면 준비가 필요하다. 아들에 대해 이해하고 부모가 준비되어 있어야 한다.

먼저 부모의 관점을 바꿔야 한다. 부모는 어른의 잣대에 익숙해서 아들에게 너무 엄격하다. 아들은 부모보다 몸도 마음도 덜 성숙하다. 그런데 부모는 어른의 잣대보다 더 엄격한 부모의 눈으로 아들을 바라본다. 다른 아이라면 그냥 넘어갔을 만한 일도 내 아들에게는 허용하지 않는다. 아들을 잘 키우고자 하는 마음 때문이다.

아들에게 조금 더 관대해지자. 아들의 시선에서 바라봐야 한다. 어른의 잣대가 아닌 아이의 잣대에서 생각해야 한다. 아들보다 많은 일을 경험하고 배운 어른도 여전히 실수한다. 아들의 실수는 좋은 경험으로 쌓이고 있다. 그 실수마저 허용하지 않는다면 아들은 아무것도 도전하지 못하는 사람으로 자랄 것이다.

아들이 꾸짖을 행동을 했다면 원인을 먼저 파악해야 한다. 일의 내막을 천천히 살펴보자. 잘못한 점을 찾아내 지적하기 위해서가 아니다. 해결 가능한 방법을 찾기 위해서다. 아들의 잘못일 수도 있고 주변 상황으로 인한 오해일 수도 있다. 원인을 알아야 아들에게 어떤 메시지를 줄 것인지 정할 수 있다. 상황을 관찰하고 아들에게 이야기를 듣자. 그 후에 부모가 말을 해야 한다. 꾸중의 목적은 잘못을 지적하고 혼내기 위한 것이 아님을 기억하자. 아들의 올바른 인격 형성에 도움을 주려는 것이다. 아들에게 일어난 일을 진심으로 궁금해해야 한다. 그래야 원인을 정확히 알 수 있다.

꾸짖기 전에 준비해야 할 중요한 또 한 가지는 '기준 정하기'이다. 꾸중이라는 게 잘못한 점에 대해 말하는 것이다 보니 방식이 중요하다. 화를 내고 소리를 지르며 말하면 메시지가 전달되지 않는다. 아들은 부모의 감정적 행동만 기억하게 되고 잘못은 잊어버린다. 훈계되는 게 아니라 반감을 불러올 수도 있다. 감정적이 되지 않으려면 꾸중할 때 명확한 기준이 세워져 있어야 한다. 아들이 새로운 일에 도전하며 생기는 실수는 인정해주자. 그러나 안전과 관계되거나, 다른 사람에게 폐를 끼치는 일, 도덕적이지 않은 일은 허용해서는 안 된다. 우리 가족만의 기준을 정해보자.

아들이 받아들이는 꾸중법

아들에게는 명확한 이유가 있어야 꾸중이 효과가 있다. 뭐가 잘못됐는지 분명하게 말하라. 아들의 행동이 어떤 영향을 미치는지 설명하라. 행동을 어떻게 바꿔야 하는지도 구체적으로 가르쳐라. 해서는 안 되는 행동에 대해 명확하게 경계를 설정해줘야 한다. 말로만 꾸중하는 것은 효과가 없다. 잔소리가 될까 봐 '한번 말했으니 알아들었겠지' 하고 그만두는 건 말로만 하는 꾸중이다. 반복되면 아들은 '그러려니' 하고 귀담아듣지 않게 된다. 아들에게 명확한 이유를 설명하고 다음 행동에 대한 약속을 받아내지 않으면 의미가 없다. 바람직하지 못한 행동으로 인한 결과를 직접 보여줘라. 결과를 경험하지 않으면 효과가 없다.

꾸짖을 때는 이유를 확실히 말해야 한다. 꾸중할 때는 아들의 '잘못된 행동'만 얘기해야 하는데 '아들 자체'를 비난하는 경우가 있다. 꾸중의 이유가 명확하지 않아 아들의 잘못을 있는 대로 *끄집어내는* 것이다. 아들은 죄책감뿐만 아니라 창피함까지 느끼게 되고 부정적 영향을 받는다. 불리한 상황에 부닥치면 아들은 반항하게 된다. 부모의 감정도 격해져 더 몰아붙이게 되고 아들에게는 불만만 남는다. 지금, 여기에서 일어난 행동에만 초점을 맞추자. 꾸짖는 이유를 확실하게 전달하고 충분히 설명하자.

꾸짖는 이유를 확실하게 전달하기 위해서는 짧게 말해야 한다. 아들은 얘기가 길면 잘 알아듣지 못한다. 그렇다고 짧게 여러 이야기를 하는 것은 더 싫어한다. 예를 들면 "숙제는 다 했니?", "양치했니?", "가방은 챙겼니?" 같은 짧은 질문을 늘어놓는 것이다. 꾸중도 마찬가지다. 한 상황에 한 가지씩만 말해야 한다. 꾸중하다 보면 이전에 잘못했던 유사한 상황들이 떠오른다. 결국 "전에도 이랬잖아", "그때 몇 번을 말했잖아"처럼 말이 길어지게 된다. 그 순간 꾸중은 잔소리가 되어버린다. 꾸짖는 이유를 머릿속으로 정리해서 짧게 말해야 한다.

부모들은 집에서 일어난 사고를 발견하면 (예를 들어 물이 쏟아져 있거나 물건이 고장 나 있으면) 아들을 먼저 의심한다. 비록 평소 아들이 해오던 짓이더라도 확실히 전말이 드러나기 전에 의심해서는 안 된다. 실제로 아들이 한 행동이 아니라면 아들은 상처받고 부모에 대한 반항이 싹튼다. 아들이 끝까지 자기가 한 행동이 아니라고 한다면 그냥 믿어줘야 한다. 물론 쉬운 일은 아니다. 심증은 충분하니까. 그렇지만 확실한 증거가 없는데 심증만으로 아들을 꾸짖는다면 훈육의 효과가 없어진다. 꾸짖는 이유가 명확하지 않기 때문이다. 의심만으로 아들을 꾸짖지 말자.

퇴근해서 돌아오니 식탁, 소파 테이블, 책상 위에 컵이 마구 놓여 있었다. 바로 준호를 호출했다. 여기저기 물건을 늘어놓는 버릇은 쉽게 고쳐지지 않는다 싶어 제대로 혼을 내려고 마음먹었다.

"준호야! 컵을 쓰면 싱크대에 바로 담가놓으라고 몇 번이나 말했잖아."

"나, 아닌데!"

"아니긴 뭐가 아니야! 맨날 네가 물건을 제자리에 안 놓는데! 한두 번도 아니고 계속 이럴 거니? 자기가 쓴 컵도 정리 못 하는 사람이 커서 뭐가 되겠어!"

아니라고 변명하는 준호의 말에 꾸지람은 점점 산으로 갔다. 준호는 매우 억울한 표정으로 눈물까지 글썽거리며 자기가 아니라고 했다. 이놈이 이제 연기까지 하는구나 싶어 더 호되게 야단을 쳐댔다. 그때 나타난 남편이 말했다.

"어…, 그거 내가 그랬어. 미안해. 바로 치운다는 게 깜박했네."

준호는 엄마는 자기를 믿지 않는다며 울음을 터뜨렸다. 미안해져 준호에게 사과했다. "준호야, 엄마가 제대로 확인도 하지 않고 말해서 미안해. 네가 자주 물건을 안 치워서 너인 줄 알았어"라고 말이다. 준호는 더욱 화를 내며 자기는 물건을 잘 치운다고 항변했다. 절대 아닌데 말이다. 바로 옆에는 과자 봉지가 널브러져 있고 가방도 바닥에 팽개 쳐져 있는데 말이다.

하지만 더 이상 얘기할 수 없었다. 이미 정확히 확인하지 않고 꾸중을 해버린 엄마의 말은 신뢰를 잃었기 때문이다. 준호에게는 자기 잘못은 잊혔고 엄마의 의심만 남은 것이다.

아들을 꾸짖을 때는 부모가 먼저 준비해야 한다. 먼저 아들의 실수를 바라보는 관점을 바꿔야 한다. 아들은 아직 성장하고 있다. 실수가 잦을 수밖에 없다.

아들에 대한 엄격한 잣대를 조금 낮추자. 아들이 실수했을 때는 원인을 파악해서 전달할 메시지를 명확하게 정하라. 아들이 다른 친구와 비교하며 맞서기도 한다. 이럴 때 가족만의 훈육 기준이 있으면 도움이 된다.

꾸중할 때는 확실하게 이유를 설명해야 한다. 짧고 간결하게 설명해야 알아듣는다. 아들의 행동으로 의심되는 일이 있더라도 확실해지기 전에 꾸짖지 마라. 주도권을 뺏길 수 있다. 아들이 한 실수가 명확할 때만 확실하게 이유를 설명하며 훈육해야 한다.

TIP 아들에게 효과적인 꾸짖기 방법

① 꾸짖기 전에 원인을 먼저 파악하세요

아들을 꾸짖기 전에 감정을 가라앉혀야 해요. 일이 발생한 원인을 파악하는 게 중요하거든요. 아들을 무조건 혼내기 위한 목적이 아니라면 마음을 가라앉히고 원인을 먼저 찾아보세요. 해결하기 위한 과정이어야지, 혼내기 위한 과정이 되어버리면 안 돼요.

② 꾸짖을 때는 명확한 이유를 제시하세요

아들을 꾸짖어야 할 일이 생겼을 때는 명확하게 이유를 말해야 해요. 두루뭉술하게 이야기하면 아들은 잘못을 인정하지도, 꾸지람을 받아들이지도 않아요. 아주 구체적으로 이유를 제시하고 다음 행동에 대한 약속까지 받아내야 훈계의 효과가 있어요.

③ 행동을 꾸짖되 아들을 비난하면 안 돼요

아들의 행동을 꾸짖되 아들 자체를 비난하지는 마세요. 아들에게 분노와 상처만 남길 뿐이에요. 아들의 잘못된 행동과 아들 자체를 분리해서 봐야 해요. 그래야 부모도 덜 힘들고, 아들도 쉽게 받아들여요.

④ 한 상황에 한 가지씩만 말하세요

아들을 꾸짖다 보면 예전에 있었던 일까지 다 떠올라버리죠? 결국 꾸짖음의 내용은 아주 방대해져버려요. 언제 일인지 기억도 안 날 만큼 오래된 일, 엄마가 혼자 속상했던 일 등으로 걷잡을 수 없이 커지죠. 이런 훈계는 전혀 효과가 없어요. 아들의 반발심만 불러오죠. 지금, 여기에서 일어난 행동에만 초점을 맞춰야 해요.

02

인내심을 갖고
반복해서 말하기

얼마 전에 준호 학교 친구 엄마들과의 모임이 있었다. 소소한 일상 얘기로 시작했지만 모든 이야기의 끝은 '아들'이었다. 화두는 '왜 한두 번 말해서는 알아듣지 못하는지'였다.

아들이 엄마의 말을 잘 듣지 않는 이유에 대해서도 여러 추측이 쏟아져 나왔다. 엄마의 말을 무시하거나 청력이 안 좋거나 머리가 나쁜 것이 주요 이유로 꼽혔다. 엄마들이 입에 달고 사는 말이 "도대체 몇 번을 말해!"이니 그럴 만도 하다. 여러 번 타일러도 소리를 질러도 처음 듣는 것처럼 반응한다. 하지만 그건 부모를 무시해서도 청력이 안 좋거나 머리가 나빠서도 아니다. 아들의 정상적인 반응이다. 이런 아들을 훈육하려면 어떻게 해야 할까?

한 번에 알아듣지 못하는 아들, 반복만이 답

훈육은 '품성이나 도덕 따위를 가르쳐 기름'이라는 뜻이다. 즉 '바로 행동이 바뀌는 것'이 아니라 기르는 동안 '가르치는 것'이다. 훈육은 아들이 올바르게 자라도록 메시지를 전하는 것이다. 부모들은 훈육 후에 아들의 행동이 바로 바뀔 것이라고 기대한다. 아들은 야단을 맞으면 일시적으로 반성하지만 오래가지 않는다. 메시지를 전했다고 행동이 바로 바뀌지도 않는다. 행동은 생각이 바뀌어야 변한다. 생각의 기초가 되는 품성이나 도덕은 단시간에 형성되거나 고쳐지지 않는다. 꾸준한 가르침과 노력이 있어야 한다. 반복해야 한다. 성공적인 훈육의 지름길은 반복이다.

아들이 한 명의 사회 구성원으로 자리 잡기까지는 긴 시간이 필요하다. 성인이 될 때까지 최소 20년은 부모의 보살핌이 필요하다. 아들을 키우는 데는 그만큼 긴 호흡이 필요한 것이다. 부모는 아들을 양육하며 다양한 상황에 직면하기 때문에 훈육은 필수다.

그런데 훈육 후에 아들이 말을 듣지 않거나 행동에 변화가 없으면 스트레스를 받는다. 아들이 잘 자라지 못할까 봐 불안해지는 것이다. 부모는 점점 더 자극적인 방법으로 훈육을 하게 된다. 분노하며 아들을 비난하고 불안감을 조성한다. 훈육이 폭력적으로 변하는 것이다. 훈육을 올바로 하기 위해서는 기다릴 줄 알아야 한다. 아들이 변할 때까지 기다리고 반복해야 한다.

훈육의 효과는 바로 드러나지 않는다. 빠르면 내일일 수도 있고, 1년 후가 될 수도 있다. 하지만 반복하다 보면 효과는 반드시 나타난다. 꾸준히 가르치는 것이 중요하다. 변화가 언제 나타날지 모르지만 올바른 것에 대해 지금부터 가르쳐야 한다. 말귀를 못 알아듣더라도 몇 번이고 말해주자. 아들이 변하리라는 것을 믿어야 한다.

그러나 반복해도 안 된다면 '포기'하자. 아들을 아예 포기하는 게 아니다. 부모의 기대가 아들에게 맞지 않을 수도 있다. 아들을 있는 그대로 인정하고 부모의 기대를 낮추자. 지금이 아니어도 된다. 조금 더 시간이 흐르면 예전에는 안됐던 것들이 쉬워질 수도 있다. 아들을 기다려주자.

부모도 사람이다 보니 같은 말을 반복하다 보면 짜증이 난다. 그렇다고 아들에게 상처를 주는 말은 하면 안 된다. 준호도 여러 번 얘기해도 처음 듣는 것처럼 반응할 때가 많다. 그것도 한두 번이지 매번 그러면 화가 난다. 그럴 때는 나도 모르게 "바보야? 그것도 기억을 못 해?", "말해봤자 뭐해, 기억도 못 할걸", "이것 봐, 또 모른다고 할 줄 알았어" 등의 말을 쏟아낸다.

준호의 상처받은 얼굴을 보면서도 멈추지 못할 때가 많다. 결국 아이에게 상처를 남기고 만다. 훈육의 효과도 떨어진다. 반복해야 하는 걸 알았다면 받아들여야 한다. 지금 하는 이 말을 수십 번 더 해야 할 수도 있다는 사실을 말이다. 여유를 가지자.

반복에도 효과적인 방법이 있다

아들을 훈육하며 같은 말을 반복하고 있는 부모들이 주의해야 할 점이 있다. 먼저 아들의 충동성에 대해 이해해야 한다. 아들은 자기가 지금 하려고 하는 행동을 하면 안 된다는 것을 이미 알고 있다. 알면서도 충동성 때문에 하고야 마는 게 아들의 특성이다. 그래서 아들이 무언가를 하기 전에 약속하는 것이 필요하다. 약속이 지켜지지 않을 수도 있다. 아들을 책망하지 말고 약속을 했었다는 사실을 상기시켜주자. 이 과정을 반복하다 보면 언젠가는 약속을 자연스럽게 떠올린다. 반복의 효과다. 당장 지키지 않아도 괜찮다. 약속을 지키다 보면 충동성도 잦아든다.

아들에게 말을 했다면 다시 확인해야 한다. 부모의 관점에서 '이 정도 말했으면 알아들었겠지'라고 생각하면 안 된다. 아들이 제대로 이해했는지 직접 말하게 하라. 시킨 일이 있다면 일의 결과를 전달받아야 한다. 그러면 반복되는 말을 줄일 수 있다.

예를 들면 "양치질하고 와"라고 했으면 양치 후에 "양치질했어요"라고 말하게 하자. 양치했는지 다시 확인할 필요도 없고 부모에게 말해야 하므로 양치를 안 할 일도 없다. 아들은 부모가 한 말은 꼭 실천해야 한다는 것을 몸소 배우는 효과도 있다. 꼭 해야 할 일은 반드시 확인해야 한다.

무작정 반복한다고 훈육이 성공하는 건 아니다. 반복의 과정에는 아들의 역할이 중요하다. 아들에게 스스로 반성할 시간을 갖게 하자. 아들이 잘못된 행동을 했을 때 즉시 혼내지 말자. 심각한 일이 일어난 것처럼 호들갑 떨 필요도 없다. 그냥 아무 일도 아닌 것처럼 이야기하자. 아들의 행동을 객관적으로 설명하고 그 행동이 미친 영향을 생각해보게 한다. 생각이 끝나면 아들과 이야기를 나누자. 스스로 반성하는 과정을 겪어야 자기 잘못을 진정으로 받아들인다. 아들이 반성할 시간을 주지 않으면 진심으로 생각할 기회를 잃게 된다. 훈육의 반복은 필요하지만, 아들이 진심으로 반성하고 받아들이는 게 더 중요하다.

훈육은 아무래도 지시적일 수밖에 없다. 지시적인 말을 반복해서 듣다 보면 아들도 지친다. 이럴 때 효과적인 방법은 아들과 생각을 공유하는 것이다. 자기 전에 아들과 하루 동안 있었던 일에 관해 이야기를 나눠라. 일과를 돌아보며 잘한 일, 잘못한 일, 감사한 일 등에 관해 공유하는 것이다.

아들이 말하기 꺼린다면 엄마가 먼저 말하는 것도 좋은 방법이다. 직장에서 있었던 일, 힘들었던 일, 잘못한 일, 기분 등에 대해 솔직히 말하자. 아들도 말문이 트일 것이다. 잘못한 일이 있다면 다른 해결 방법은 없었는지 의견을 나누자. 그 과정에서 아들이 갖추어야 할 도덕과 품성을 반복적으로 가르칠 수 있다.

훈육은 기다림이다. 어른들도 살아가는 내내 배운다. 고작 몇 년 세상살이 중인 아들은 부모보다 더 고전하고 있다. 한두 번 말했으니 다 이해하고 그대로 할 거라는 기대를 버려야 한다.

반복해서 알려주고 마음으로 받아들이게 해야 한다. 진심으로 받아들이면 생각이 바뀌고 행동도 변화한다. 긴 호흡으로 기다려주며 반복해야 한다.

아들이 상처받을 말은 하지 말자. 상처를 준다고 행동이 바뀌지 않는다. 무언가를 지시했다면 결과를 꼭 공유하도록 습관을 들이자. 잔소리를 예방할 수 있다.

그리고 훈육에 대한 편견을 버리자. 잘못했을 때만 하는 게 훈육이 아니다. 평소에 아들과 이야기를 나누며 도덕과 품성을 가르치는 것도 훈육이다.

TIP 잘못된 행동이 반복되면 이렇게 해보세요

① 아들이 한 행동에 상응하는 결과를 경험하게 하세요

물건을 함부로 다뤄서 망가뜨렸다면 같은 게 아닌 다른 것으로 대체해주세요. 식사 중에 반찬 투정을 부린다면 후식(과자, 과일 등의 주전부리)을 먹지 못하게 하세요.

② 아들이 할 수 있는 것을 짧고 단호하게 지시하세요

아들이 현재 할 수 있는 것만 주문해야 합니다. 단호하게 힘있게 말하세요. 길면 안 됩니다. "전에도 말했잖아", "몇 번을 말하니?" 등의 불필요한 말은 하지 마세요. 효과만 반감시킵니다.

③ 행동의 교정 시기를 늦춰보세요

잘못된 행동이 계속 반복된다면 아들에게 아직 어려운 과제일 수도 있습니다. 큰 문제가 되지 않는다면 부모의 기대를 낮춰보세요. 행동 교정의 시기를 더 뒤로 잡는다면 아들도 부모도 편해질 것입니다.

03

감정을 내세우지 않고
논리적으로 말하기

아들은 어떤 상황에서든 힘을 겨루려고 한다. 태어날 때부터 경쟁하도록 프로그래밍되어 있기 때문이다. 부모와의 관계에서도 마찬가지다. 부모가 훈육하는 상황에서도 이기기 위해 버틴다. 뭐가 잘못된건지, 잘못이 누구에게 있는지는 중요하지 않다. 이겨야 한다는 생각에 사로잡혀 이성적인 판단을 하지 못한다. 그러다 보면 부모와 버티는 싸움을 하게 된다. 부모는 아들을 이기려고 하고 아들도 부모를 이기려고 하는 것이다. 싸움은 결국 부모의 감정적 훈육으로 이어지게 된다.

2020년 학대로 사망한 아동은 43명, 그중 학대 행위자의 86.3%가 부모다. 대부분 학대의 이유가 훈육 차원이었다고 했다. 아동 학대는 훈육이 아니다. 부모가 감정을 조절하지 못해 자녀에게 분노를 쏟아부은 결과일 뿐이다. 훈육으로 포장한 폭력은 감정이 조절되지 않는 것이 주요 원인이다. 훈육은 교육이다. 감정적인 상태로는 교육할수 없다. 감정이 앞서면 부모가 전하고 싶은 메시지가 잘 전달되지 않는다. 특히 아들은 이성과 논리에 의해 움직인다. 부모의 감정적인 훈육은 아들에게 영향을 미치지 않는다. 부모의 분노한 감정만 기억될 뿐이다. 아들을 제대로 훈육하고 싶다면 감정을 조절해야 한다.

아들의 마음을 닫는 감정적 훈육

감정적 훈육은 아들의 귀와 마음을 닫게 한다. 마음에 상처만 남기고 훈육의 효과는 기대할 수 없다.

화가 나 있을 때는 훈육하지 말아야 한다. '화'라는 부정적 감정은 좋은 결과로 이어질 수 없다. 부모가 감정을 조절하지 못하면 체벌이 뒤따를 가능성이 크다. 체벌은 아들의 행동을 잠깐은 멈출 수 있다. 하지만 문제가 된 행동이 완전히 고쳐지지는 않는다. 오히려 아들은 보호해주어야 할 부모가 소리를 지르거나 체벌을 하면 놀라고 당황한다. 왜 혼났는지는 기억하지 못하고 혼난 사실만 기억하게 된다. 부모가 한 말도 자기 행동도 기억하지 못한다.

부모가 감정적으로 훈육하면 아들 대부분은 부모에게 순응한다. 하지만 순응하는 모습을 보인다고 해서 아들의 마음마저 바뀐 것은 아니다. 아들은 현재 상황을 벗어나고 싶을 뿐이다. 말로는 알았다고 하지만 부모의 말을 이해하지 못했을 가능성이 크다. 그런 상황이 반복되면 아들의 마음속에는 불만이 생긴다. 이것이 예상치 못한 방식으로 표출될 수도 있다. 소리를 지르거나 체벌로 아들을 가르치는 것은 전혀 효과가 없다. 아들의 행동을 바꾸기 위해서는 부모가 감정을 조절해야 한다. 부모가 감정적으로 되는 이유는 아들에게 있지 않다. 부모 자신에게 있다. 아들의 행동을 부모의 기준에 맞춰 평가하기 때문이다.

감정 기복이 심한 부모를 보며 자란 아들은 자신감이 없어진다. 자신감 부족은 자존감에도 영향을 미친다. 감정 조절의 필요성도 알지 못한다. 화가 나거나 짜증이 나면 다른 사람에게 폭발시켜도 된다고 배우는 것이다. 무서워서 부모에게는 감정을 터뜨리지 못하지만 자기보다 약한 존재에게는 분노를 터뜨릴 수 있다. 동생, 친구, 강아지와 같은 대상에게 화풀이한다. 아들은 생명을 존중하지 않게 된다.

아들을 부모의 감정 쓰레기통으로 생각하지 말자. 내 자식이라도 내 감정을 받아낼 의무는 없다. 소중한 내 자식이기 때문에 더 감정을 조절해야 한다. 평소에 아무리 잘해줘도 욱하면 소용이 없다.

어렸을 적 엄마는 아빠한테 화가 나면 나에게 감정을 풀어냈다. 똑같은 행동인데도 어느 날은 괜찮고 어느 날은 엄청나게 혼났다. 엄마가 조금이라도 인상을 쓰거나, 목소리가 커지면 심장이 두근거렸다. 그럴 때마다 엄마는 "딸자식 하나 있는데, 남한테 욕 안 먹고 바르게 자라라고 그런다"라고 말씀하셨다. 그건 엄마의 자기 합리화가 아니었을까? 엄마는 감정 조절 방법을 몰라서 훈육을 방패 삼아 감정을 나에게 털어냈던 것 같다.

지금 나도 아들에게 같은 행동을 할 때가 있다. 훈육이랍시고 소리를 지르거나, 막말하는 나를 종종 발견한다. 눈물을 꾹 참으며 엄마의 감정을 오롯이 받아내는 아들을 보면 마음이 쓰리다.

아들을 움직이게 하는 논리적 훈육

아들을 야단칠 때 효과적인 방법은 논리를 근거로 훈육하는 것이다. 논리에 맞게 아들을 설득하고 논리적 결과를 직접 경험하게 해야 한다. 아들은 머리로 이해해야 알아듣는다. 왜 그렇게 해야 하는지를 이해해야 움직인다. 아들을 야단칠 때는 감정을 배제해야 한다. 아들의 감정이 상하지 않는 선에서 이해할 수 있는 논리를 제시해야 한다. "네가 이렇게 하지 않았으면 좋겠어"라는 식의 말은 아들에게 전혀 설득력이 없다. 행동만 지적하거나 겁을 주고 협박하는 것은 전혀 도움이 안 된다. 근거를 들어 간략하게 설명해야 효과적이다.

논리적으로 설득하는 과정에는 아들의 이야기를 듣는 것도 포함된다. 아들의 행동을 비난하기 전에 원하는 게 무엇인지 아는 게 중요하기 때문이다. 아들의 말이 두서없고 받아들이기 어렵더라도 끊지 말고 들어주자. 아들이 흥분했을 때는 듣고 있다고 알려주자. 부모가 자기 말을 들어주는 것만으로도 흥분은 가라앉는다. 아들의 말이 끝나면 부모가 하고 싶은 말을 한다.

"너의 생각이 그렇다는 것을 알겠구나."

"네가 생각한 방법 말고 다른 방법도 있어. 이런 이유로 이 방법이 더 나을 수도 있단다."

아들의 생각과 의견을 들어보면 설득할 논리적 근거를 찾기도 쉽다. 무조건 안 된다고 하는 것은 통하지 않는다.

논리적 훈육은 부모의 생각을 논리적으로 설명하는 것만이 아니다. 아들이 자기 행동에 따른 논리적 결과를 통해 배우게 하는 것도 포함된다. 자기 행동을 책임질 수 있게 하는 것이다. 논리적 훈육은 잘못된 행동과 직접 관련되어야 한다. 야단치고 벌을 주고 체벌하는 형태가 아니다. 아들이 행동의 결과를 통해 학습하게 해야 한다. 규칙을 지키지 않을 때는 직접 관련된 권리를 빼앗는다. 게임을 하기로 한 시간을 초과했다면 다음 날 게임 시간을 그만큼 줄이는 것이다. 공공장소에서 뛰거나 소리를 지르면 바로 집으로 돌아온다. 행동의 결과가 논리적으로 나타나는 과정을 직접 느껴 학습하게 하는 것이다.

아들에게 행동에 따른 결과는 직접 책임져야 한다고 말하라. 의무도 져야 함을 확실하게 인지시켜야 한다. 행동에 따라 나타나는 논리적 결과는 반복해서 경험해야 체득한다. 아들은 반복적 경험을 통해 행동을 수정하게 된다. 논리적으로 설득이 됐기 때문이다. 아들의 행동을 고치고 싶다면 세심히 관찰하라. 잘못된 행동은 논리적 결과를 경험하며 수정하게 하라. 잘한 행동은 긍정적 결과를 경험하며 강화할 수 있게 하면 훈육은 성공한다. 논리를 세워 훈육했는데도 효과가 없다면 무시하는 게 낫다. 할 일을 안 하고 있다면 말하지 말고 모른 척하자. 그 또한 자기 행동으로 인해 나타난 결과로 받아들일 것이다.

아들을 훈육할 때 가장 경계해야 할 것이 감정적 대처이다. 감정을 다루는 기술이 미숙한 부모들은 훈육에 취약하다. 감정적 대처는 아들을 변화시킬 수 없다. 오히려 마음속에 불만을 쌓는 역효과가 생긴다. 아들은 머릿속으로 이해해야 움직인다. 논리적으로 아들을 설득해야 하는 이유이다. 논리적으로 아들을 설득하거나 논리적 결과를 직접 경험하게 하는 방법이 있다. 부모는 감정적으로 훈육하지 않기 위해 노력해야 한다. 감정적으로 대했을 때는 진심으로 사과하자. 그러면 아들이 받을 상처를 줄이고 신뢰를 쌓을 수 있다.

TIP '욱'할 때는 이렇게 해보세요

① 아들의 행동에 초점을 맞추세요

"넌 이것도 이해 못 하니? 바보야?", "커서 뭐가 되려고 그래?"와 같은 말은 인신공격입니다. 아들을 비난하면 안 됩니다. '욱'하게 된 아들의 '행동'에만 초점을 두는 겁니다.

"옷을 갈아입고 세탁 바구니에 넣어놓지 않았구나", "부탁해놓고 고마워하는 모습을 보이지 않는구나"와 같이 행동만 말합니다. 이때는 감정이 실릴 수 없습니다. 하지만 아들에게 의미는 전달됩니다.

② 감정 조절이 안 될 때는 잠시 자리를 피하세요

감정 조절이 안 될 때는 아이와 떨어진 곳으로 벗어나세요. 마음을 가라앉힌 다음 훈육해야 합니다. 논리적으로 생각할 수 있을 때까지 시간을 갖는 것이 좋습니다. 화가 날 때 화장실에서 손을 씻으면 기분을 가라앉힐 수 있습니다. 거울에 비친 자기 얼굴을 보면 감정이 정리되기도 합니다.

③ 아들을 안거나 손을 잡고 야단을 치세요

'욱'한 감정이 다스려지지 않으면 아들을 안거나 손을 잡고 이야기하세요. 아들과 접촉을 한 상태에서는 부정적 감정을 마구 쏟아내기 힘듭니다. 단, 아들을 제압하거나 억압하는 접촉은 바람직하지 않습니다.

겁주지 말고
긍정적으로 말하기

오늘도 준호와 아빠는 장난을 치느라 여념이 없다. 한 대씩 주고받으며 장난을 치는가 싶더니 준호가 힘 조절을 못 했나 보다. 세게 맞은 아빠는 똑같이 아픔을 겪어보라며 더 세게 한 대 쳤다. 준호는 발끈하며 다시 아빠를 때리기 위해 쫓아다녔고, 결국 아빠한테 혼나고 말았다. "다른 사람을 아프게 하면 안 되는 거야. 너도 맞아보니까 어때? 아프지?"라는 훈계가 이어졌다. 준호는 아빠의 말에 공감하고 뉘우쳤을까? 아니다. 다음 날 똑같은 상황이 벌어진 것을 보면 준호는 아빠의 의도를 이해하지 못했다. 아빠에게 혼나는 상황을 벗어나기 위해 대답만 한 것이다.

앞 장에서도 언급했듯이 아들은 어느 상황에서든 힘겨루기를 한다. 자기보다 우월한 (부모라는 지위, 신체적 조건 등) 부모가 겁을 주면 경쟁에서 졌다고 생각한다. 아들은 그 상황을 받아들이기 힘들다. 경쟁에서 진 것에만 몰두해 현재 왜 이런 일이 일어났는지는 새까맣게 잊어버린다. 결국 훈육의 효과는 기대할 수 없게 된다. 아들이 훈육을 바로 보고 받아들이게 하려면 경쟁 상황으로 인식하지 않게 해야 한다. 부정적이고 엄한 방식보다는 긍정적인 표현으로 말하면 훈육의 효과를 높일 수 있다.

부정적 표현은 훈육의 효과가 없다

대체로 '훈육'은 부모가 무서운 표정으로 엄하게 아들을 다루는 것으로 생각한다. 엄하게 아들을 다뤄야 효과가 있다고 믿는 것은 권위주의적인 사고방식이다. 부모와 아들의 관계를 지배-피지배 관계로 여기기 때문에 나타나는 것이다.

엄한 훈육은 즉각적인 결과를 얻을 수 있으나 효과는 오래가지 않는다. 아들은 두려움을 느껴 행동을 바꾼 것일 뿐이다. 두려움이 사라지면 행동은 다시 나타난다. 부모가 없을 때나 다른 사람 앞에서는 같은 행동을 하기 쉽다. 아들이 행동을 바꾸기 위해서는 바꿔야 하는 이유를 이해해야 한다. 아들을 이해시키는 과정이 훈육이다. 훈육이 효과적으로 되려면 엄하고 무섭기만 해서는 안 된다.

엄한 훈육은 언어와 신체적 폭력으로 이어질 수 있다. 체벌은 교육적 효과가 전혀 없다. 아픔, 슬픔, 분노만 남긴다. 부모와 애착 형성이 완전하지 않으면 더 안 좋은 결과로 이어질 수 있다. 아들은 정서적으로 상처 입고 뇌 발달에도 부정적 영향을 받는다. 부모는 장기적으로 더 해결하기 어려운 상황에 놓인다. 엄하고 부정적인 훈육은 일상에서 알게 모르게 이뤄진다. 일상적으로 이뤄지는 부정적 훈육의 형태는 다양하다. 부모가 이를 인식하려고 노력하지 않으면 훈육은 실패한다.

부정적 훈육의 대표적인 방식이 협박이다. "말 안 들으면 놓고 간다", "계속 이러면 다시는 해주지 않을 거야" 같은 말은 협박이다. 협박은 겁을 주어 강제로 어떤 일을 하게 시키는 것이다. 아들은 부모의 보호가 필수적이기 때문에 부모의 협박은 매우 위협적이다. 그래서 협박을 받으면 아들은 바로 행동으로 옮긴다.

두려움을 이용한 훈육 방식은 근본적인 원인을 해결하지 못한다. 부모가 아들에게 하는 협박은 대체로 말로만 하는 경우가 많다. 단순히 말로만 하는 협박이라는 것을 아들이 깨달으면 더 이상 통하지 않는다. 아들의 마음에는 반발심만 남고 잘못은 고쳐지지 않는다.

부정적 훈육 방식 중 또 다른 하나는 부정하는 말이다. "그런 쓸데없는 짓 좀 하지 마라"와 같은 말로 행동을 부정하면 아들은 무기력해진다. "네가 그렇게 행동하면 아무도 너와 놀려고 하지 않을 거야", "그렇게 공부를 안 하면 좋은 대학에 갈 수 없을 거야"라는 말도 아들을 부정하는 말이다. 부모는 걱정해서 한 말이지만 아들은 '널 신뢰할 수 없다'는 의미로 받아들인다. 훈육할 때 인격이나 존재를 부정하는 말은 삼가야 한다. 아들의 존재가 잘못된 게 아니라 '행동'이 잘못된 것이다.

효과적인 훈육은 긍정에 기반한다

훈육은 교육이다. 교육은 엄한 태도로 야단치거나 부정적인 말을 하는 게 아니다. 물론 상황에 따라 엄하게 야단쳐야 할 때도 있다. 위험한 행동이거나 하면 안 되는 걸 알면서도 했을 때는 엄하게 야단을 쳐야 한다. 그런데 아들이 저지르는 일 대부분은 호되게 야단을 칠 만한 행동은 아니다. 어른의 기준에서 행동하기를 원하기 때문에 야단치게 되는 것이다. 기준을 조금 낮추면 엄하고 부정적인 훈육은 줄어든다. 훈육은 긍정에 기반할 때 효과가 나타난다. 엄하게 훈육하고 체벌하지 않아도 아들이 변할 거라고 믿어야 한다. 긍정적인 믿음을 표현해야 아들이 바뀐다. 긍정적인 훈육으로 바꿔야 한다.

긍정적인 훈육은 부모와 자녀가 존중하며 협력하는 것이다. 아들이 성장하는 걸 목표로 가르침과 배움을 실천하는 것이다. 긍정적인 훈육의 첫 번째 단계는 아들의 수준을 이해하는 것이다. 뇌 발달 단계를 알아야 아들이 얼마나 이해할 수 있는지 알 수 있다. 두 번째 단계는 부모의 기대 수준이 아닌 아들의 수준에 초점을 두는 것이다. 훈육은 가르치는 것이다. 가르침을 받는 수준에 맞춰야 아들이 이해하고 받아들인다. 세 번째 단계는 행동의 원인을 이해하려고 노력하는 것이다. 결과만 놓고 야단칠 게 아니라 왜 그런 행동을 했는지 알려고 해야 한다.

아들의 행동을 바로잡겠다고 다그쳐서는 안 된다. 올바르지 않은 행동을 묵인하라는 것이 아니다. 훈육은 아들을 비난하고 상처를 주기 위한 것이 아니다. 올바른 행동을 가르치기 위한 것이다. 아들의 행동에 어떤 동기나 의도가 있었는지 알아야 제대로 가르칠 수 있다.

아들은 고통이나 두려움을 통해 배우지 않는다. 제대로 해내는 경험을 통해 배운다. 아들이 올바른 경험을 할 수 있도록 긍정적인 방향으로 가르쳐야 한다. 질책하기보다 아들을 안심시키며 노력을 격려해보자. "시험에서 많이 틀릴 수도 있는 거야. 네가 시험을 잘 보기 위해 노력한 게 중요한 거야"라는 말로 과정의 중요성을 가르치면 훈육이 더 효과적이다.

결과만 놓고 야단치기보다는 아들이 한 행동으로 나타난 결과를 알려줘야 한다. 비난하고 평가하기보다 해결 방법을 찾기 위해 노력하자. 무심코 한 행동이 의도하지 않은 결과를 가져올 수 있다는 것을 알게 해야 한다. 나는 장난이었지만 그것이 다른 사람에게는 폭력이 될 수도 있음을 알면 아들의 문제 행동이 점점 줄어든다. 이 과정에서 중요한 건 긍정적인 메시지로 말해야 한다는 것이다.

아들의 단점을 들춰내고 문제화하지 말자. 때로는 모른 체해주고 이해해주자. 부모를 보며 아들은 타인의 단점도 포용할 수 있게 된다. 다른 사람의 잘못을 이해하고 포용해야 함을 긍정적 경험을 통해 배우게 하는 것이다.

아들을 키우다 보면 온화하고 부드러운 말로는 통제가 안 될 때가 많다. 결국 큰소리를 내고 자극적인 말을 한다. 그러면 아들은 즉각 반응하고 문제가 되는 행동을 멈춘다. 부모는 훈육이 성공했다고 생각하고 멈춘다. 하지만 아들에게는 변화가 일어나지 않았다. 갑자기 마주한 부정적인 말과 상황에 두려움을 느껴 행동을 잠깐 멈춘 것뿐이다. 결국 문제는 반복된다.

아들을 변화시키고 싶으면 부정적인 표현을 당장 멈춰야 한다. 긍정적인 말로 아들을 변화의 과정에 참여시켜야 한다. 중요한 것은 부모가 주도하지 않고 아들과 힘의 균형을 유지하는 것이다. 아들은 단시간에 변하지 않는다. 꾸준히 설득하고 이해시켜야 한다.

TIP 긍정적인 훈육, 이렇게 해보세요

① 상황을 주어로 말하세요

사람을 주어로 말하면 비난받는다고 생각하기 쉬워요. 아들은 혼난다고 느끼고 변명을 하기 시작하죠. 엄마는 더 화가 나고 악순환이 반복되어요. 이럴 때는 '상황'을 주어로 말하면 좋아요. "너 왜 그랬어?"가 아니라 "이건 왜 이렇게 되어 있을까?"처럼 말하는 겁니다.

② 긍정적인 메시지로 바꿔 말해요

공격적이거나 비난하는 말을 들으면 아들은 방어하게 돼요. 긍정적인 메시지로 바꿔 말하면 아들의 협조를 끌어낼 수 있어요. "옷을 세탁기에 넣어라"가 아니라 "샤워를 다 하고 세탁기에 옷을 넣자"라는 형태로 바꿔 말하는 것이지요.

또, 질문을 던져 스스로 생각하게 하세요. "다 읽은 책은 어디에 정리하는게 좋겠니?"라고 물으면 아들이 주도적으로 생각하고 바뀌게 돼요.

추상적이지 않게
구체적으로

"준호야! 자꾸 이런 식으로 할 거야!"

퇴근하자마자 눈앞에 펼쳐진 집안 풍경에 쏟아져 나온 말이다.

"도대체 몇 번을 말해야 하니?"

"이렇게 해놓으면 엄마가 힘들다고 말했잖아."

끊이지 않고 나오는 나의 말에 준호는 꿈쩍도 하지 않고 쳐다만 본다. 그 모습에 더 화가 나서 기어코 큰소리가 났다.

준호는 눈물을 흘리며 말했다. "엄마, 근데 왜 화내는 거야?"

그 말에 난 더 기가 막혔다. 지금까지 한 말은 뭐로 듣고 이제 와서 왜 화내는지를 모르겠다니. 나를 놀리나 싶은 생각도 들었다. 나중에서야 뭐가 잘못된 것인지 알았다. 뭐 때문에 화가 났는지, 뭘 고쳐야 하는지 구체적으로 말하지 않았기 때문이다. '이런 식으로', '이렇게 해놓으면'이라는 말을 준호는 알아듣지 못한 것이다. 그동안 몇 번이나 말했기 때문에 당연히 알 거라 생각한 나의 잘못이다. 아들에게는 추상적으로 말하면 안 된다.

"준호야, 학교 갔다 오면 가방과 옷은 제자리에 두어야 해", "과자를 먹고 쓰레기를 치우지 않으면 엄마가 힘들어"라고 구체적으로 말해야 알아듣는다.

아들은 구체적으로 말해야 이해한다

아들에게 바라는 행동은 구체적으로 말해야 한다. 아들은 "뭐 하는 거야!", "언제까지 그럴래?", "엄마가 뭐라고 했어?"와 같은 추상적인 말을 이해하지 못한다. 말이 길어지고 추상적으로 되는 순간 아들에게는 들리지 않는다. 말을 단어 그대로 받아들이는 아들은 말속에 내포된 의미를 해석해내지 못한다. 해야 하는 것이나 바라는 것을 구체적으로 말해야 효과가 있다. 구체적으로 말하면 아들은 어떻게 해야 하는지 알게 된다. 행동의 방향을 알았기 때문에 행동을 고치고 익히는 데 도움이 된다.

아들을 타이를 때는 감정이 아닌 사실만을 구체적으로 말해야 한다. 본 그대로를 말하고 행동을 고치기 위한 정보를 자세하게 가르쳐주면 된다. 간결하고 담백해야 한다. 잘못한 점이 무엇이고, 왜 고쳐야 하는지, 어떻게 고쳤으면 좋겠는지를 간결하게 말하는 것이다. 부모가 말하기보다 아들이 스스로 어떻게 고쳐나갈 것인지 말하게 해야 한다. 이 과정을 통해 자기 행동을 반성하고 진심으로 사과하는 법을 배울 수 있다. 말로 해서는 잊기 쉬우니 시각적 방법을 활용하는 것도 좋다. 한 예로 가족 규칙을 정해 집에 걸어두면 좋다.

아들의 잘못을 지적할 때는 추상적인 말만 사용해서는 안 된다. 물론 위험한 상황에서는 급한 마음에 짧게 외치며 제지할 때가 있다. "그만해!", "위험해!"와 같이 말이다. 하지만 이런 때라도 위험한 상황이 해결되고 나면 이유를 꼭 설명해주어야 한다. "높은 곳은 떨어질 수 있으니 위험해", "그렇게 세게 잡으면 강아지가 다칠 수 있으니 그만해"처럼 말이다.

평소 훈육을 할 때도 이유를 같이 말해주자. 아들이 옷을 아무 데나 벗어놓으면 "옷!"이라고 소리치는 건 소용없다. "옷을 벗으면 옷걸이에 걸어놓자"라고 말해야 한다. 말은 아들의 머릿속에 그대로 남아 행동의 내비게이션이 된다.

다른 사람에게 미치는 영향에 대해서도 구체적으로 설명해주어야 한다. 자기 행동으로 인한 영향을 알게 되면 아들은 행동에 책임감을 느낀다. 아무런 설명 없이 잘못된 행동만 이야기하면 아들은 혼나지 않기 위해서만 행동을 억제한다. 부모가 없으면 언제든지 같은 행동을 할 수 있다. "그 행동이 잘못된 이유가 뭐라고 생각하니?"라고 묻자. 스스로 자기 잘못을 설명하면 더 효과적이다. 아들의 양심과 도덕성이 바르게 자리 잡기 원한다면 이유를 구체적으로 설명해줘야 한다.

아들이 미리 상황에 대비할 수 있게 하는 것도 중요하다. 예를 들면 집에 손님이 방문할 때, 친척 집에 방문할 때 어떻게 행동해야 하는지 구체적으로 알려주는 것이다. 방문 예절, 조심해야 하는 사항(남의 집 물건을 함부로 만지면 안 된다는 것, 침대에는 올라가면 안 된다는 것 등)을 아주 자세히 알려줘야 한다.

아들이 잘못된 행동을 하고 난 뒤에 바로잡는 것이 아니라 사전에 정보를 제공해서 예방하는 것이다. 잘못하고 난 뒤에는 행동에만 초점을 맞추게 된다. 질책과 잔소리로 이어지게 될 가능성이 크다. 하지만 사전에 아들과 의견을 맞춘다면 아들의 생각에 초점을 맞출 수 있다. 인격적 성숙의 기회가 되는 것이다.

아들은 아직 어른이 아니다. 어른도 추상적인 말을 잘 이해하지 못할 때가 있다. 하물며 아직 성장 단계에 있는 아들에게는 더 어렵다. 부모의 기준에서 여러 번 말했다고 아들이 다 이해한 건 아니다. 매우 구체적으로, 자세하게, 여러 번 설명해줘야 알아듣는다.

행동이 일어난 후 지적하는 것보다 미리 예방하는 것이 효과적이다. 아들이 익혀야 할 예절, 행동 수칙을 미리 알려줘라. 서로 불편함 없이 상황에 맞는 행동을 할 수 있을 것이다. 잘못된 행동을 했다면 스스로 잘못을 말하고 해결 방법을 고민하게 하라. 자기 행동에 책임감을 갖게 되고 도덕성을 키울 수 있다.

가족이 합의한 기준으로
일관성 있게

10여 년을 부모로 살며 가장 어려웠던 건 아들에게 일관된 태도를 유지하는 것이었다. 감정을 잘 드러내고 감정에 잘 휘둘리는 나로서는 아직도 어려운 일이다. 가장 힘들었던 건 '내가 유지하고 있는 일관된 태도가 과연 맞는 건가'였다. 잘못된 신념처럼, 잘못된 일관성이 아이를 망치는 건 아닐까 하는 두려움이 컸다.

일관성은 부모의 철학과 신념에서 나온다. 아들이 자라는 과정은 겪어본 적이 없어서 실수할 수밖에 없다. 그래서 부모의 일관성이 더 중요하다. 일관성은 긍정적인 방향이어야 하고 처음과 끝이 같아야 한다. 어려운 상황이 생기더라도 흔들리지 않아야 한다. 일관성이 잘 유지되면 아들은 안정감을 느낀다.

아들은 체계가 없으면 불안해한다. 규칙이 있을 때 안정감을 느끼고 지침이 있을 때 안전하다고 느낀다. 일관성 있고 논리적이고 단호한 훈육은 규칙성을 만든다. 규칙성 있는 훈육은 아들에게 안정감을 느끼게 한다. 처음에는 거부하더라도 반복되다 보면 아들은 훈육을 편하게 받아들인다. 훈육의 규칙은 가족이 모두 동의하고 합의해야 한다. 사람에 따라 규칙이 달라지면 아들은 혼란스러워한다. 훈육의 효과도 떨어진다.

훈육은 일관성이 있어야 한다

부모는 훈육 방식과 최소한의 기준에 대해 서로 논의해 정해야 한다. 무엇보다 훈육은 체벌이 아니라 교육이라는 것을 공유하는 것이 중요하다. 훈육의 기준을 세우는 것은 아들을 안전하게 지키는 길이다. 훈육 과정에서 아들은 옳고 그름을 배울 수 있다.

아들에게 훈육의 기준, 규칙을 정확히 알려주는 것이 중요하다. 규칙을 지키지 않았을 때 발생하는 결과에 관해서도 설명해줘야 한다. 보상과 책임지는 방법을 함께 정하는 것도 효과적이다. 기준이 달라지면 아들은 혼란스러워진다. 그래서 일관성 있는 기준이 필요하다. 아들이 규칙에 따른 결과를 예측할 수 있게 해야 한다.

훈육은 '일관성'이 중요하다. 일관성이 없는 부모는 아들에게 부정적 영향을 미친다. 아들은 '존중'을 중요시한다. 규칙이 자주 바뀌는 것은 존중받지 못한다고 느끼게 한다. 아들이 규칙을 지킬 거라고 믿는 모습을 보여줘야 한다. 제한했던 규칙을 바꾸지 말고 흔들리지 말아야 한다. 부모가 버텨야 아들이 잘 자랄 수 있다.

규칙과 제한은 아들의 성장에 꼭 필요하다. 마음이 약해지면 안 된다. 그러기 위해 '일관성'을 유지할 수 있는 규칙이 필요하다. 뚜렷한 목적과 방식이 있어야 한다. '남에게 피해를 주거나 안전을 위협하는 행동은 용납해서는 안 된다', '알면서 규칙을 어기는 것은 안 된다'와 같이 말이다.

처음에는 안 된다고 했다가 아들이 떼를 부리면 부탁을 들어주는 경우가 있다. 아들의 요구를 들어주다가 갑자기 화를 내는 일도 있다. 어느 날 집에 손님이 왔다. 준호는 게임을 평소보다 더 많이 하고 싶다고 했다. 손님 접대도 해야 하니 어쩔 수 없이 준호의 말을 들어주었다. 평소보다 많은 시간 동안 게임을 하는 모습을 보자 화가 치밀어 올랐다. 손님이 돌아가고 난 뒤 준호에게 게임 좀 그만하라며 화를 내버렸다. 준호는 "엄마는 이랬다저랬다 한다"며 울어버렸다. 주변의 상황 때문에 또는 아들이 안쓰러워서 어쩔 수 없이 부탁을 들어주지 말자. 부모가 먼저 규칙을 깨버리면 훈육의 일관성도 같이 사라져버린다.

부모의 상황이나 상태에 따라 훈육의 태도가 달라지는 경우가 있다. 위의 경우처럼 말이다. 아들은 혼란스러움을 느끼고 규칙을 지키지 않아도 되는 것으로 생각하게 된다. 상황에 따라 먼저 규칙의 변형을 제안하기도 한다. 그대로 자라면 시민으로서 지켜야 할 사회적 규칙도 준수하지 않게 된다.

하지만 아들이 제안한 이유가 타당하다면 일단 인정해주자. 받아들일 수 있는 것이라면 함께 조율하면 된다. 너무 잦지만 않다면 말이다. 예외 상황에서의 규칙을 만들어놓는 것도 좋은 방법이다. 손님이 오거나 여행을 갔을 때처럼 일상에서 벗어나는 상황에서의 규칙이 있으면 일관성을 유지할 수 있다.

일관성 있는 훈육은 가족의 합의를 통해 가능하다

준호를 낳고 5개월 뒤 복직을 했다. 어린이집에 맡기기에는 너무 어려서 친정엄마가 준호를 봐주셨다. 낮에는 친정엄마가 밤에는 내가 준호를 돌봤다. 준호가 세 살쯤 되어서는 어린이집에 보냈다. 그때는 시어머니와 시누이가 준호를 어린이집에 등·하원 시키고 낮 동안 돌봐주셨다. 가족들의 도움이 있어 아이를 잘 키울 수 있었다.

그러나 감사한 마음과 별개로 어려운 점도 있었다. 아이를 키우는 방식에서 다른 점이 있었기 때문이다. 예를 들면 초보 엄마인 나는 육아서에 나오는 전문가의 지침에 따라 시간에 맞춰 분유를 줬다. 하지만 어른들은 배고파하면 먹여야 한다고 했다. 옷을 입히고, 재우는 것조차 의견이 달랐다. 서로 혼란스러워지기 시작했다.

준호가 커갈수록 혼란은 커졌다. 엄마는 안 된다고 하는데 할머니는 된다고 하는 상황, 할머니한테는 혼났는데 엄마는 그럴 수도 있다며 넘어가는 상황 등이 생기기 시작했다. 어느 날은 준호가 버릇없는 행동을 해서 야단을 치고 벌을 줬다. 할아버지가 그 모습을 보시고 "뭘 그런 거로 애를 혼내냐"라며 당장 그만두라고 하셨다. 준호는 이때다 싶어 도망갔고 훈육 시도는 실패했다.

양육자가 많으면 훈육은 어려워진다. 하지만 아들이 바르게 성장하기 위해서는 주변 어른들의 도움이 필요하다. 그렇다면 어떻게 해야 할까? 양육 원칙을 합의해야 한다. 가족이 함께 일관성을 가져야 하는 것이다.

훈육이 일관성을 가지려면 가족들이 합의해 기본 원칙을 정해야 한다. 가족은 부모만 해당할 수도 있고 조부모가 포함될 수도 있다. 나의 경우처럼 외조부모, 친조부모, 고모까지 해당할 수도 있다. 양육에 관여하는 사람이 많을수록, 아들에 대한 가족의 사랑이 클수록 원칙의 합의는 꼭 필요하다. 양육 원칙에는 다음과 같은 내용을 포함하면 좋다.

첫째, 가족 중 누군가가 훈육할 때 간섭하거나 아들을 감싸면 안 된다.
둘째, 훈육을 중단시키거나 훈육자와 아들 사이를 멀어지게 하면 안 된다.
셋째, 실제로 하지 않을 위협을 가하면 안 된다.
넷째, 아들 앞에서 다른 가족(훈육자) 험담을 하지 말라.
다섯째, 훈육하며 의견 차이가 생길 때는 언제든 서로 의견을 조율한다.

아들에게는 혼내는 사람과 달래줄 사람 모두 필요하다. 양육의 가치나 방식이 다르더라도 가족이 뜻을 모으면 아들은 균형 잡힌 사람으로 자란다. 가족뿐만 아니라 아들 친구의 부모, 이웃, 교사(학교, 학원)와도 양육 원칙을 공유해야 한다. 아들이 자라는 데는 많은 어른의 도움이 필요하다. 자라면서 만나는 어른들이 모두 아들의 성장에 좋은 영향만 미치지는 않는다. 그러나 아들이 성장하는 데 좋은 영향을 미칠 어른이 훨씬 많다는 걸 믿어야 한다. 그들과 원칙을 공유하면 아들이 좋은 영향력을 가지는 어른으로 자랄 것이다.

훈육은 일관성이 중요하다. 부모의 가치와 신념에서 만들어진 일관성은 가족과 합의해야 한다. 특히 대가족일 때는 원칙의 합의가 더욱 중요하다. 아들에게 사랑을 쏟아붓고 관심을 가지는 이가 많을수록 훈육 방식이 달라질 가능성이 크기 때문이다. 아들의 성장 과정에 영향을 미치는 어른들과도 원칙을 공유하는 것이 좋다. 일관된 훈육은 아들에게 안정감을 제공하고, 좋은 어른으로 자라도록 돕는다. 아들을 키우다 보면 정해진 규칙을 지키지 못하는 때도 있다. 예외 상황에 대한 규칙을 별도로 만들어놓는다면 일관성을 유지하는 데 도움이 된다. 규칙을 정할 때는 아들을 참여시키는 것도 좋은 방법이다.

훈육 전에 부모가
권위자임을 일깨우기

최근 사회적 분위기는 양육의 초점을 긍정적인 훈육에 맞추고 있다. "안 돼"라는 말을 삼가고 아들의 의사를 존중해주는 것이다. 일부는 과도하게 존중을 표현하기도 한다. 아들에게 "아드님, 식사하셨어요?", "우리 아드님 숙제 다 하셨네요. 기특하세요~"와 같은 높임말을 쓴다. 높임말은 주로 웃어른께 공경을 표현할 때 쓰는 말이다.

아들을 존중해주겠다고 이런 식의 높임말을 쓰는 것은 교육적으로도 좋지 않다. 특히 아들에게는 도움이 되지 않는다. 아들은 수직적 권력 관계에 빠르게 반응한다. 테스토스테론의 영향 때문이다. 이기거나 지거나로 모든 결과를 설명하는 아들에게는 권위자의 한마디가 영향력이 크다.

아들의 건강한 성장을 위해서는 부모의 권위를 보여주고 규칙을 알려줘야 한다. 확실한 경계와 이유에 대한 설명은 옳고 그름을 배우게한다. 부모가 권위를 지킬 때 아들도 사리 분별을 하게 된다. 부모의 권위는 가정 내 질서를 유지하는 데 도움이 된다. 가정 내 질서가 지켜지지 않으면 아들은 사회에서도 질서를 지키지 않을 가능성이 크다. 가정은 아들이 경험하는 첫 번째 사회이고, 첫 경험은 기준이 되어버리기 때문이다. 아들의 바른 성장을 위해 부모의 권위를 먼저 세워야 하는 이유이다.

부모는 권위가 있어야 한다

요즘에는 친구 같은 부모, 아이를 존중해주는 부모를 선호하는 사람이 많다. 이런 부모들은 자율성을 중요하게 생각한다. 자율성이란 다른 사람의 영향을 벗어나 자기 기준에 따라 자신을 다스리는 특성을 말한다. 어떤 부모들은 아들의 자율성을 지켜주기 위해 제대로 훈육을 하지 못한다. 하지만 아들은 아직 성장 중이기 때문에 자율성이 온전히 발달하지 않았다.

아들의 자율성에만 맡기기에는 위험 부담이 있다. 자율성은 아들을 키우는 데 중요한 요소지만 전부는 아니다. 양육의 한 방법일 뿐이다. 친구 같은 부모도 필요하지만, 부모는 아들에게 권위 있는 사람이어야 한다. 아들을 잘 키우려면 부모의 권위가 필요하다.

요즘은 대체로 '권위'를 부정적으로 생각한다. "라떼는 말이야"와 같은 말을 떠올리기도 한다. '권위'와 '권위주의'는 다르다. '권위'란 남을 지휘하거나 통솔해 따르게 하는 힘을 말한다. '권위주의'는 어떤 일에 권위를 내세우거나 권위에 순종하는 태도다. 우리는 '권위'와 '권위주의'를 혼동해 권위를 터부시한다. 권위는 수평적 의사소통, 이해와 인정, 수용을 통해서 이뤄진다. 권위주의와는 다르다. 부모는 권위자여야 한다. 아들과 수평적으로 소통하고 서로 이해하고 인정하면 권위를 수용한다. 부모가 권위를 올바르게 활용하면 아들의 성장에 긍정적 도움을 준다.

권위를 터부시하면 아들의 행동을 제한하거나 벌을 주어야 하는 상황임에도 그냥 넘어가게 된다. 아들의 자율성을 침해하기 두렵고 자신이 권위주의자로 보이기 싫어서이다. 이런 상황이 반복되면 훈육은 힘을 잃는다. 자율성보다 부모의 권위를 먼저 가르치고 보여줘야 한다. 권위를 보여주는 것은 아들과의 힘겨루기를 의미하지 않는다. 일관되고 합리적인 기준에 따라 아들과 소통하는 것이다. 대화와 설득을 기반으로 소통하기 때문에 자녀와 부모가 서로 존중하게 된다. 이것이 권위 있는 태도이다. 권위 있는 태도로 양육하면 아들은 부모의 지혜와 삶의 경험을 수용하고 발전한다.

부모와 아들의 수직적 관계는 필요하다. 마냥 수평적 관계만 유지한다면 훈육이 제대로 될 수 없다. 다만 권위주의적인 양육 태도는 경계해야 한다. 권위주의적 양육은 규칙을 지키도록 엄격하게 강요한다. 규칙을 지키지 않으면 바로 벌을 준다. 규칙을 지키게 강요하지만 왜 지켜야 하는지는 설명하지 않는다. 부모의 권위에 따라 무조건 지키라고 하는 것이다.

권위주의적 부모는 아들에 대한 애정 표현보다 통제를 많이 한다. 그러나 아들은 부모의 강요와 통제를 당연하게 받아들이지 않는다. 부모와 아들은 서로 싸워서 이기려는 관계가 되어버리고 부모의 권위는 점차 사라진다.

복지관 아동 프로그램에 참여한 한 아이가 눈에 띄었다. 다른 아이들에게 험한 말을 거침없이 하고 담당 사회복지사의 제지에도 아랑곳하지 않는 남자아이 민혁이. 계속 다른 아이들의 수업에 방해가 되어 내가 민혁이를 전담으로 맡았다.

처음에는 민혁이를 달래며 프로그램에 참여시키려고 했지만, 도무지 말을 듣지 않았다. 결국 엄하게 행동을 제지했다. "민혁아, 지금은 게임을 하는 시간이 아니야. 휴대폰은 가방에 넣어두고 와", "민혁아, 친구에게 욕을 하면 안 돼". 생각보다 민혁이가 의외로 순순히 말을 들었다. 계속하던 휴대폰 게임도 안 하고 친구들에게도 시비를 걸지 않았다. 물론 몇 번 만나지 않은 사회복지사의 통제 효과는 오래 지속되지 않았다.

민혁이는 엄마와 둘이 사는 한부모 가정 자녀이다. 엄마는 우울증이 심해 민혁이를 잘 돌보지 못한다. 그런 미안함 때문에 민혁이의 말이라면 거의 다 들어준다. 게임을 하고 싶다면 종일 하게 해주고 늦게 자고 싶다면 그렇게 하게 둔다. 엄마가 권위를 놓아버리자 민혁이는 뭐든 자기 마음대로 하는 아이가 된 것이다.

민혁이의 행동이 심해지자 민혁이 엄마는 아이를 통제하기 시작했다. 하지만 이미 권위가 없어진 엄마의 말은 통하지 않았고, 폭력 상황까지 이어졌다. 이후 민혁이네는 심리 상담 치료를 받았고 조금씩 나아지고 있다. 민혁이 엄마는 부모로서의 권위를 되찾기 위해 노력하고 민혁이는 이를 인정하고 받아들이기 위한 연습을 하고 있다.

부모의 권위, 이렇게 지키자

부모의 권위를 지키기 위해서는 아들에게 휘둘리지 말아야 한다. 아들이 해야 할 일을 거부한다면 할 일을 다 할 때까지 제한 시간을 줘라. 단, 너무 길지 않아야 한다. 제한 시간 동안은 아들과 접촉하지 말아야 한다. 아들의 권력 투쟁은 자연스러운 행동이다. 제한 시간이 지났는데도 할 일을 하지 않았다면 일을 마쳤을 때의 보상을 설명해줘라. 할 일을 하도록 기다리는 시간이 벌을 주는 것이 아님을 이해시켜야 한다. 스스로 할 기회를 주는 것임을 상기시키자. 그런데도 계속 거부한다면 아들이 선택할 수 있게 몇 가지 대안을 제시해주자. 협상의 과정은 아들의 성장에도 도움이 된다.

아들에게 여러 번 지시하지 말라. 첫 지시에 움직이지 않으면 아들이 집중할 수 있게 하라. 눈을 맞추고, 응시하라. 그런데도 지시에 따르지 않으면 해야 할 일 앞에 데려다 놓는다. 이때 화를 내거나 소리를 지르면 안 된다. 그 순간 부모의 권위는 사라진다. 차분하고 단호한 목소리로 해야 할 일을 상기시키기만 하면 된다. 아들이 자신에게 유리한 다른 협상안을 제시하더라도 흔들리지 말자. 매우 타당하고 논리적인 이유가 아니라면 협상을 받아들이지 말아야 한다. 부모가 지시하기 전부터 다른 일에 몰두하고 있거나 컨디션이 좋지 않다면 아예 지시하지 않는 것이 좋다. 공연히 갈등 상황을 만들 필요는 없다.

아들의 행동이 마음에 들지 않더라도 다른 사람 앞에서 지적하거나 혼내면 안 된다. 아들은 수치심을 느끼고 자존심이 상한다. 아들의 체면을 지켜주지 않는 부모는 권위를 세울 수 없다. 사람이 없는 곳으로 데리고 가서 잘 알아듣게 설명하는 것이 좋다. 우리나라 사람들은 겸손을 미덕으로 생각한다. 자녀에 대해서도 마찬가지다. 부족한 점은 드러내지만 잘한 점은 감춘다. 혼내는 것도 마찬가지다. 여러 사람 앞에서 보란 듯이 야단을 친다. "난 이렇게 엄하게 자녀를 교육해요"라고 말하듯이. 이러한 행동이 아들에게 어떤 영향을 미칠지 생각해봐야 한다. 잘하는 것은 드러내야 하지만 부족한 것을 일부러 들출 필요는 없다.

나도 준호의 부족한 점을 이야기하는 것보다 잘하는 점을 말하는 게 어렵다. 괜히 자랑하는 것 같고 아이에게 자만심을 키워주지 않을까 걱정도 됐다. 가족, 친척들뿐만 아니라 준호의 친구 부모, 회사 동료들에게도 준호의 부족한 점을 더 많이 이야기했다. 어느 날은 준호가 듣고 있는데도 칭찬보다는 "우리 애는 이런 게 부족해요. 어휴, 말도 마세요. 얼마 전에는요…"라며 단점을 늘어놓기도 했다. 결국 준호의 체면을 지켜주지 않아 엄마에 대한 신뢰가 약해졌고 권위도 흔들렸다. 그 뒤부터는 다른 사람들 앞에서 일부러 칭찬하고 준호가 싫어하는 이야기는 하지 않았다. 다시 신뢰와 권위가 회복되는 데 시간이 걸렸지만, 지금은 괜찮아졌다.

아들을 존중하고 수평적으로 소통하는 것은 중요하다. 그러나 부모의 권위가 먼저 서야 자율적 양육도 가능하다. 권위를 부정적으로 생각하면 필요한 상황에서 훈육이 제대로 이뤄지지 않는다. 아들은 아직 온전히 자라지 않았기 때문에 부모가 기준을 정해주고 알려줘야 한다. 이는 부모에게 권위가 있어야 가능하다. 부모는 권위와 권위주의를 구분할 줄 알아야 한다. 부모가 권위를 갖고 양육하는 것과 권위주의적 양육은 다르다. 권위를 지키기 위해서는 아들에게 휘둘리지 말아야 한다. 매우 합당한 이유가 아니라면 아들의 협상 제안에 넘어가지 말자. 휘둘리는 순간 권위는 무너진다. 아들의 체면도 지켜줘야 부모의 권위도 선다.

TIP 부모의 권위를 세우고 훈육의 효과를 높이는 방법

① 나이와 발달 수준에서 올바르게 행동할 것이라고 아들을 믿으세요.
② 부모의 요구가 합리적인가를 생각해보세요.
③ 아들에게 말할 때는 나조차도 듣고 싶지 않은 말은 사용하지 마세요. 협박하고 소리 지르고 경멸하지 마세요.
④ 타협할 기회를 주세요. 단, 타당하고 합당한 이유가 있어야 해요.
⑤ 말로만 해서는 부모의 권위가 세워지지 않아요. 먼저 바람직한 행동을 보여주세요.
⑥ 아들의 나이와 상황을 고려하여 훈육하여야 해요. 일반적인 규칙을 무조건 적용해서는 효과가 없어요. 아들이 지키지 않은 규칙과 직접 관련된 결과를 경험하게 하면 훈육의 효과를 높일 수 있어요.

5장

마음이 단단한 아들로 키우는 교육법

사춘기인 10~15세 때는 아들의 심리가 가장 불안정한 시기이다. 사춘기가 되면 아들의 공격성이 테스토스테론과 함께 증가한다. 그래서 아들이 난폭해지고 감정을 폭발시키며 싸울 태세를 갖추는 것이다. 아들은 이때가 되면 자기중심적 사고가 강해진다. 세상의 중심은 자기라고 여기며 마음대로 행동한다. 자기중심적 사고가 지나치면 자신이 완벽한 존재라고 믿는다. 사고가 일어나도 자신은 피해 가고 나쁜 행동을 해도 자신만은 들키지 않을 것이라고 믿는 것이다. 사춘기에는 아들의 남성성이 더 두드러지기 시작한다.

아들의 남성성에 대해서는 '1장 아들이란 무엇인가?'에서 살펴봤다. 아들은 테스토스테론의 영향으로 남성성을 갖고 태어나며, 이러한 남성성은 다양한 형태로 나타난다. 적극적이고 진취적인 형태, 공격적인 형태, 폭력적인 형태 등으로 말이다. 남성성이 어떻게 자리 잡느냐에 따라 아들의 미래가 달라지기 때문에 부모는 남성성이 올바르게 자리 잡도록 길잡이를 해줘야 한다. 길잡이 역할로 가장 중요한 일은 올바른 가치관을 심어주는 것이다. 가치관이란 개인이 중요하고 가치 있게 생각하는 견해를 말한다. 그리고 어떤 행동을 하거나 사람을 대할 때 기준이 되는 규칙이다. 가치관이 올바르면 아들의 남성성은 이롭게 발현된다.

가치관은 삶의 방향에도 영향을 미친다. 결정이 필요할 때 가치관에 따라 판단하기 때문이다. 혼란스럽거나 불확실한 상황에서는 더욱 가치관이 중요하다. 가치관을 확립하기 위해서는 자신에 대한 이해가 먼저이다. 내가 어떤 사람인지를 알아야 나에게 맞는 가치관을 세울 수 있다. 가치관은 세상을 살아가는 데 버팀목이 되어주는 마음의 힘에도 영향을 미친다. 가치관을 확립하는 과정에는 마음의 힘을 기르는 것도 포함되어야 한다. 자기 통제, 감정 조절, 참고 기다리기 같은 마음의 힘은 딸보다 아들이 더 많이 연습해야 한다. 타고난 남성성으로 인해 공격성, 충동성, 경쟁의식 등이 강하기 때문이다. 이번 장에서는 아들의 마음의 힘을 키우는 방법을 살펴보고자 한다.

자아 정체성,
내가 누구인지 정확히 인식하기

세상을 살아가는 것은 생각보다 녹록지 않다. 급변하는 세상은 다양한 위기를 던져준다. 위기를 헤쳐나가며 자신을 지키기는 꽤 어렵다. 나 혼자 잘한다고 괜찮지도 않다. 요즘은 혼자 살아갈 수 없는 세상이기 때문이다. 이런 세상을 살아가려면 마음이 단단해야 한다. 니체는 "삶을 살아가는 힘은 자신에게서 찾아야 한다"라고 했다. "어떤 일을 할 때 자신을 사랑하는 것부터 시작하라"라고도 조언했다.

자신을 사랑하고 자신 안에서 에너지를 찾기 위해서는 내가 누구인지를 알아야 한다. 자신을 직면하고 자신의 모든 점을 '나'로 통합할 때 힘이 생긴다. 마음에 힘이 생기는 것이다.

내가 누구인지 아는 것부터 시작

마음이 단단해지려면 내가 누구인지부터 알아야 한다. 나에 대해 알아야 나와 타인을 사랑할 수 있다. 자기 자신에 대한 의식이나 관념을 '자아'라고 한다.

자아 정체성을 세운다는 것은 자신에 대한 통합된 관념을 가진다는 의미이다. 자신의 가치, 이념, 관심사, 능력, 성격 등에 대해 알고, 자신에 대해 확신할 수 있으면 자아 정체성이 형성된 것이다. 자아 정체성이 확립되면 삶의 목표를 설정할 수 있다. 가정과 사회에서 자신의 역할을 정확하게 알게 되고 사회 규범을 내면화해 사회 통합에 기여한다. 자아 정체성이 확립되면 자신에 대한 성찰이 가능해진다. 삶을 능동적이고 적극적으로 대한다.

자아 정체성은 자신을 구성하는 다양한 요소(가치, 학업, 운동, 외모 등)로 형성된다. 어느 하나에 집중되면 자아 정체성이 올바르게 확립될 수 없다. 자신의 가치를 특정한 기준으로만 판단하면 통합된 인식을 하지 못한다. 자신을 정확히 바라볼 수 없는 것이다. 왜곡된 자아는 심리의 왜곡으로 이어질 수도 있다.

예를 들면 사춘기가 되면 외모에 관심을 가지게 된다. 외모에서만 자신의 가치를 느끼면 외모에 집착한다. 외모로만 자신의 가치를 인정받을 수 있다고 생각하는 것이다. 이럴 때 비정상적인 집착으로 이어지지 않게 할 방법은 통합된 자아 정체성을 확립하는 것이다.

아들은 무엇이 자신에게 중요하고, 무엇을 좋아하는지 알아야 한다. 자신을 기쁘게 하고 도전하게 하는 것이 무엇인지 찾아야 한다. 즉 자신을 움직이는 동기가 무엇인지 이해해야 하는 것이다. 부모는 아들이 자신을 알아가는 과정을 도와주면 된다. 사춘기가 되면 자아 정체성을 찾기 위한 분투가 시작된다. 자기가 누구이고, 어떤 사람이 되고 싶은지, 다른 사람들은 자기를 어떻게 바라보는지가 주요 관심사가 된다. 자아 정체성 확립이 필요해지는 것이다. 사춘기 아들은 신체·정서·사회적으로 급격한 변화를 겪게 된다. 더더욱 정체성 확립이 요구된다. 자아 정체성은 사춘기에 생물학적 성장과 다양한 사회적 갈등을 경험하며 확립된다.

서울대학교 문용린 명예교수는 "자기 이해 지능이 뛰어난 사람은 더 일관되고 지속적으로 자신이 원하는 일에 몰두할 수 있다"라고 말했다. 자기 이해 지능이 높은 사람은 자기 기준에 맞는 평가를 더 중요하게 생각한다. 어려운 상황에서도 자기 삶의 목표를 생각하며 좋은 결과를 내기 위해 최선을 다해 노력한다.

자기 이해 지능은 자신을 정확히 이해하고 이를 바탕으로 자기 삶을 계획하고 관리하는 능력이다. 자아 정체성의 확립은 자기 이해 지능과 연결되어 있다. 아들이 스스로 나아갈 방향을 정하고 목표를 달성하기 위해 노력하게 해야 한다. 꿈, 삶의 계획, 목표를 쓰게 하자. 이를 통해 자기를 자각하고 목표를 구체화시킬 수 있다.

아들의 자기 인식, 어렵지 않다

자신을 정확히 자각하기 위해서는 자신을 들여다볼 줄 알아야 한다. 다른 사람이 나에 대해 이야기하면 저항감이 먼저 든다. 나를 위한 다기보다 평가하고 비난하는 것처럼 들리기 때문이다. 나에 대해 알고 듣는 것과 나도 모르는 모습을 다른 사람에게 듣는 것은 꽤 다르게 느껴진다. 그래서 자아 성찰이 필요하다.

자아 성찰은 자기반성을 통해 시작할 수 있다. 나의 주관적인 관점이 아니라 객관적으로 일의 과정, 결과 등을 되짚어보는 것이다. 아들은 현재에만 집중하고 자기반성을 잘하지 못한다. 자기반성 연습을 통해 자아 성찰을 습관화해야 한다.

아들에게 문제가 생기면 자신에게서 먼저 원인을 찾아보게 하자. 과정을 되짚어보며 잘못된 게 있는지, 잘 몰랐던 건 무엇인지, 자신의 태도는 어땠는지 점검하게 하는 것이다. 주의해야 할 점은 아들이 모든 잘못을 자신의 탓으로 돌리지 않게 하는 것이다. 부모가 아들을 믿지 못하는 것처럼 보여서도 안 된다.

자아 성찰의 목적을 분명히 해두자. 자아 성찰 과정을 통해 자신을 인식할 수 있다는 것 말이다. 자신을 스스로 인식하지 못하면 다른 사람의 시선을 우선순위에 놓고 휘둘리게 된다. 삶은 자기가 주체가 되어야 함을 알려주자. 아들의 있는 모습 그대로를 인정해줘야 올바른 자아 정체성이 확립된다.

아들이 하는 새로운 시도와 도전을 존중해줘야 한다. 경험을 통해 변해가는 아들의 모습을 바라보고 인정해주면 자아 정체성 형성에 도움을 준다. 만일 잘못된 도전을 한다면 다른 방식으로 나아갈 수 있게 도와줘야 한다. 부모의 간섭에 아들은 자기 방식을 고집하는 순간도 있을 것이다. 그 또한 정체성을 정립해가는 과정이다.

자아 정체성이 온전히 형성되기까지는 많은 과정이 필요하다. 과정을 인정해주자. 실패와 좌절을 겪으며 온전히 자기 것으로 받아들이는 게 필요하다. 아들에게는 지는 것이 매우 힘든 일이다. 하지만 그런 과정을 견뎌내며 마음이 단단해진다. 부모가 지켜보기에 안쓰럽더라도 아들을 믿고 기다려주자.

부모도 목적의식을 갖고 삶을 주체적으로 살아가는 모습을 보여주는 것이 필요하다. 가치관을 실천에 옮기고 책임지는 모습을 아들에게 보여줘라. 세상을 살면서 가치관에 따라 행동하고 책임감을 가지는 게 쉽지 않은 일임을 솔직하게 털어놓는 것도 좋다.

어려움을 마주해도 이겨내고자 노력하는 부모의 모습은 아들의 자아 정체성 확립에 도움이 된다. 가정 내에서 아들이 주체적으로 참여할 기회를 만들어주는 것도 좋다. 자신의 역할을 경험하며 자신에 대한 다각적인 관찰이 가능해진다. 자신을 경험하고 관찰하고 느낄 계기를 줘야 한다.

자아 정체성은 자신에 대한 통합된 관념을 가지는 것이다. 자신을 구성하고 있는 다양한 요소를 통합적으로 바라보는 것이다. 아들이 올바른 자아 정체성을 형성하기 위해서는 자신을 먼저 알아야 한다. 자신이 좋아하는 것, 싫어하는 것, 잘하는 것, 선호하는 것에 대해 알아야 한다.

사춘기가 되면 본격적으로 자아 정체성을 형성하기 시작한다. 부모는 아들이 자신을 찾아가는 과정을 옆에서 도와주면 된다. 자신을 들여다보는 방법을 알려주고 먼저 모범을 보여야 한다. 삶을 주체적으로 살아가며 가치를 실현해가는 모습을 보여주면 도움이 된다. 힘들고 어려운 점을 아들과 공유하고 극복하는 모습을 보여주는 것도 좋다.

TIP 아들의 자아 정체성을 세우는 법

① 아들이 자신이 누구인지 알게 도와야 합니다

자신에게 무엇이 중요하고, 좋아하는 게 무엇인지 알아갈 기회를 만들어 줘야 합니다. 부모가 자신에 대해 성찰하고 표현하며 자신을 찾아가는 모습을 먼저 보여주세요. 그리고 아들과 대화를 많이 나누세요. 아들이 자기 내면까지 들여다보고 생각해보며 알아챌 수 있게 대화를 통해 돕는 것입니다.

② 아들의 도전을 인정하고 존중해주세요

아들은 늘 이해하기 힘든 도전을 즐깁니다. 무모하고 얼토당토않은 도전이라도 새로운 것을 상상해낸 아들을 칭찬해주세요. 아들의 도전 자체를 인정하고 존중해주세요. 그러면 아들은 도전에 실패하더라도 실패감에 사로잡혀 주저앉는 대신 더 나아가기 위한 노력을 할 거예요. 마지막으로 도전하려는 용기를 격려하고 지지해주세요.

자기 통제력,
욕구 통제와 조절

"엄마, 30분만 더 할게." 약속한 게임 시간이 끝나가자 건네오는 아들의 말이다. 오늘만 벌써 세 번째다. 간절한 아들의 눈빛에 못 이겨 두 번은 허락했지만, 이번엔 어림없다. 결국 내가 "안 돼"라고 말하고 나서야 컴퓨터는 꺼졌다. 게임이 끝나면 공부를 하기로 약속했다. 언제 시작하나 두고 봤지만, TV를 보는 준호는 공부할 생각이 없어 보였다. 결국 밤이 늦었는데도 공부는 시작하지 않았다. 준호는 자기 통제력이 부족한 것이다.

아이의 잘못이 아니다. 순간의 즐거움을 참고, 할 일을 먼저 해야 한다는 걸 말로만 교육한 부모의 잘못이다. 자기 통제력은 말로만 교육할 수 있는 게 아니다. 꾸준한 연습이 요구된다. 특히 하나에 푹 빠지면 호기심이 충족될 때까지 헤어나오지 못하는 통제력이 약한 아들에게는 말이다.

마음의 근육, 자기 통제력

자기 통제력은 자기 조절력이라고도 할 수 있다. 자신의 욕구를 조절하고 통제할 수 있는 능력을 말한다. 무엇을 해야 하고 하지 말아야 할지를 알고 실천하는 것이다. 자기 통제력은 자율성과 함께 작용한다. 아들은 스스로 결정하고 해나가는 것을 좋아한다.

하지만 경계를 잘 몰라 난처한 상황에 빠질 때가 있다. 부모는 아들이 자기 통제력을 바탕으로 자율성을 발휘할 수 있게 경계를 설정해줘야 한다. 아들은 부모가 정한 경계선에 따라 자기를 통제하다가 점차 스스로 규칙을 만든다. 누가 말하지 않아도 스스로 규칙을 지키게 된다. 자기 통제력이 생기는 것이다.

자기 통제는 뇌의 활동 중에서도 특히 에너지를 많이 소모한다. 에너지가 없으면 자기 통제가 어려워진다. 무조건 참아내면 에너지가 떨어져 끝까지 자기 통제를 할 수 없다. 내 안에 축적되어 있는 에너지 내에서 이뤄져야 한다. 그래서 자기 통제 기술이 필요하다. 자기 통제력은 연습을 통해 키울 수 있다.

미국 올버니대학의 심리학자들은 실험 결과를 바탕으로 간단한 연습만 해도 자기 통제를 잘할 수 있게 된다고 발표했다. 자기 통제 연습을 한 결과 몸에 안 좋은 음식을 적게 먹고 나쁜 습관도 줄었다. 학습에도 충실했으며 식습관이 좋아지고 감정 조절도 잘되었다. 자기 통제력이 생활 전반에 영향을 끼치는 것이다.

자기 통제가 되지 않으면 인지적으로 산만하고 학업 성취가 낮다.

짜증을 잘 내고 불만이 많으며 충동적이다. 대인관계에서도 공격적이며 타인의 권리를 침해하기도 한다. 규칙을 지키지 않거나 인내심이 부족해 사회 적응에도 어려움을 겪는다. 새로운 시도를 할 때는 눈앞에 닥친 어려움을 핑계로 포기하기도 한다. 부모가 단호하게 훈계하거나 경계를 설정해주지 않으면 아들은 자기 통제가 되지 않는다. 이것이 반복되다 보면 또래 관계, 학교생활에서 어려움을 겪게 된다. 아들은 이유도 모른 채 집단에서 소외된다. 자기 통제력을 어려서부터 습득해야 하는 중요한 이유다.

아들은 딸보다 자기 통제력이 늦게 발달한다. 자기 통제가 어느 정도 가능해지기 전까지는 방향을 제시하거나 행동을 유도하는 것이 효과가 없다. 구체적으로 규칙과 경계선을 정해주고 따르게 하는 게 효과적이다. 그 과정을 통해 자기 통제가 가능해진다. 아들은 어떤 일을 할 때 마지막까지 미룬다. 이럴 때 부모가 나서서 챙기면 안 된다. 스스로 욕구를 조절하고 참아내는 경험의 기회를 빼앗는 게 된다. 자신이 초래한 결과를 직접 경험하도록 둬야 한다. 무엇이든 스스로 하는 기회를 만들어주자.

자기 통제력 키우기

뇌 발달 이론의 권위자인 UCLA 앨런 쇼어Allan N. Schore 교수는 부모의 신뢰와 사랑을 받고 자란 아이들은 충동적이지 않으며 화를 잘 내지 않는다고 했다. 이런 아이들은 '자기감정을 잘 조절하는 능력'이 발달

했다. 아들의 마음을 들여다보면 뭐가 불편하고 힘든지 알 수 있다. 자기 통제력 기르기는 아들의 마음에서 시작해야 한다. 아들이 스스로 삶을 통제하고 있다고 느껴야 한다. 스스로 변화를 일으킬 수 있다는 자신감을 가져야 한다. 부모의 신뢰가 있으면 가능하다. 아들이 스스로 어려움을 해결하고 잘 해내리라는 것을 믿는다고 말해주자. 아들의 자기 통제력이 자랄 것이다.

자기 통제력은 평소 생활 습관에서도 나타난다. 숙제를 기한 내에 하지 못하고 학교나 학원에 지각하는 것은 자기 통제가 잘되지 않아서이다. 아들의 자기 통제력을 기르는 방법의 하나는 스스로 일정을 계획하고 실천해보게 하는 것이다.

자기 행동은 자기 자신만 통제할 수 있음을 알려줘야 한다. 화가 나거나 어떤 일을 하기 싫을 때 스스로 조절할 수 있음을 알게 해주자. 스스로 자제할 때 뿌듯해지리라는 것, 친구들과 가족들도 기분 좋게 함께할 수 있다는 것을 말해주면 좋다. 아들의 기질 자체를 바꾸기는 어렵다. 그러나 연습을 통해 자기 통제력을 키울 수는 있다.

자기 통제력을 키울 때 주의해야 할 점이 있다. 보상을 통해 아들을 통제하는 것이다. 자기 통제는 보상과 상관없이 자기 의지대로 이뤄져야 한다. 보상은 외부 통제에만 따르게 된다는 단점이 있다. 아들이 경계를 지키지 않을 때는 소리치지 말고 차분히 설명해줘라. 지켜야 하는 이유와 규칙을 상기시키는 것이다. "할 수 있겠지?"라고 물으면 아들은 다시 도전할 용기를 낸다.

자기 조절이 되지 않을 때는 '자신과 대화하기'를 시도해보게 하는 것도 하나의 방법이다. 현재 상황을 이해하고 어떻게 행동해야 할지를 자신과 대화하면서 찾는 것이다. 기분을 환기할 수 있고 상황을 객관적으로 바라보게 됨으로써 자기 통제가 가능해진다.

다음은 아들의 자기 통제력을 키우는 방법이다.

첫째, 또래 집단과 어울리도록 한다. 또래 집단에서 갈등 상황을 겪으며 해결해가는 방법을 터득하도록 한다. 또래 모델링도 가능하다. 사회를 미리 경험하면 자기 조절에 도움이 된다.

둘째, 스포츠 활동 참여 기회를 준다. 스포츠 규칙을 지키고 경쟁하며 자기를 통제하는 연습을 할 수 있다.

셋째, 지나친 수용과 통제를 자제한다. 아들의 요구를 다 들어줘도 안 되지만 너무 통제만 해도 안 된다. 적절한 경계선 안에서 원하는 것을 스스로 결정하고 행동하게 해줘야 한다. 경험하며 자기 통제력이 자라난다.

넷째, 분노 조절법을 알려준다. 화가 날 때 어떻게 분노를 다스려야 하는지 알려줘야 한다. 심호흡을 하거나 숫자를 세는 등의 방법을 시도해보게 하자. 화를 낸다고 상황이 달라지지 않는다는 점을 알려주면 도움이 된다. 감정을 조절하는 경험은 자기 통제력 향상에 도움이 된다.

아들은 스스로 결정하고 행동하는 것을 좋아한다. 자율성을 보장해주면 더욱 신이 난다. 자율성을 보장해주려면 자기 통제력이 전제되어야 한다. 자신의 욕구에 따라서만 살 수는 없기 때문이다. 욕구를 통제하고 조절할 때 삶은 더 풍요로워진다. 자기 통제력은 무조건 참는 것을 의미하지 않는다. 상황에 맞춰 욕구를 통제하고 조절하는 것이다. 자기 통제가 되지 않으면 충동적이고 공격적이며 대인관계를 잘하지 못한다. 부모는 적절한 경계선을 설정해 아들에게 자기 통제를 연습할 기회를 줘야 한다. 아들이 스스로 조절할 수 있다는 것을 믿어주고 기회를 주자. 자기를 통제할 수 있는 직접적인 방법을 알려주는 것도 괜찮다.

03

자기 주도성,
스스로 이끄는 힘

"준호야, 공부는 몇 시부터 시작할래?"

"1시부터 시작할게."

"그래, 그럼 1시에 시작하자." 오후 1시가 지났다. 시계는 1시 20분을 가리키고 있다.

"준호야, 시계 볼래?"

"응." 여전히 준호는 TV를 보며 대답했다.

"시계 봤니?"

"응, 엄마가 시계 보라고 해서 시계 봤는데. 왜?"

맙소사. 공부할 시간이 지났으니 시계를 보라는 말이었는데 아들은 정말 시계만 봤다. 서서히 화가 끓어오르기 시작했지만 참았다.

"준호야, 시계를 보라고 한 건 약속 시간이 지났기 때문이야."

"엄마! 내가 정한 약속이니까 바꿀래. 2시부터 공부 시작할래."

아… 정말 어디까지 참아야 하는 건지 눈앞이 캄캄해졌다. 해맑게 대답하는 모습에 더 화가 났다. 아들의 자기 주도성을 키워주고자 공부 시간을 직접 정하게 했다. 그런데 가끔, 아니 꽤 자주 이런 일이 있다. 그럴 때면 이게 맞나 싶은 생각이 든다. 자기 주도성은 무슨…. 내 방식대로 공부도, 청소도 시키고 싶은 마음이 굴뚝 같아지곤 한다. 어떻게 하면 아들의 자기 주도성을 키워줄 수 있을까?

자기 주도성은 미래 인재의 조건

2020년 코로나19가 유행하며 많은 변화가 있었다. 대면 활동이 제한되며 기존 시스템에 변화가 일어났다. 가장 크게 체감한 것은 아이들의 등교 중지였다. 초등학교 3학년이었던 준호는 난생처음 해보는 온라인 화상 수업을 시작했다. 혼자서 동영상 강의를 찾아서 보고 과제를 했다. 하지만 제대로 될 리가 없었다. 가장 편안한 장소인 집에서 혼자 녹화 동영상을 보며 공부한다는 게 쉬운 일이 아니었다.

퇴근하는 길은 또 다른 출근길이었다. 등교할 때는 학교에서 해결되던 것들이 온전히 부모와 학생의 몫이 되었다. 이게 애들 숙제인지, 학부모 숙제인지조차 헷갈렸고 스트레스는 커져만 갔다.

집에 오면 그날 시간표를 보고, 숙제를 확인했다. 제출해야 하는 숙제를 먼저 하게 하고 배움 공책을 쓰게 했다. 다음 날 준비물도 확인해서 챙겨놓는 것도 중요한 일과였다. 퇴근이 늦는 날에는 준비물을 구할 수 없어 발을 동동 구르기도 했다. 그렇게 몇 달을 지내다 보니 점점 힘들어졌다. 준호에게 "왜 제때 숙제를 안 해놓냐?"라며 화를 내는 일도 잦아졌다. 곧 끝날 것 같던 비상시국은 계속 이어졌다. 다른 대책이 필요했다. 나도 준호도 힘든 이유가 뭘까를 고민했고 1년이 지나고 나서야 깨달았다. '자기 주도성'이 문제였다. 준호는 스스로 하기보다 엄마에게 의지하고, 엄마는 다 챙겨주려고 하니 서로 힘들었다.

생각해보면 준호가 자기 주도적으로 온라인 학습을 할 기회를 주지 않았다. 나의 방식대로 하기를 강요했고 못 따라오면 내가 대신해버리기도 했다. 준호에게 왜 스스로 하지 않느냐고 말했지만, 방법을 가르쳐주지 않았다.

자기 주도성이란 스스로 선택하고 책임지며 자기 삶을 주체적으로 끌어가는 것이다. 다시 말하면 주어진 일을 스스로 고민해서 계획하고 실행하는 의지와 자세이다. 자기 삶의 주체를 자기 자신으로 인식해야 하는 것이다. 나는 처음 해보는 일이어서 잘하지 못할 거라는 걱정에 준호를 자기 삶의 주체로 인정하지 않았다. 자기 주도성을 발휘할 기회조차 주지 않은 것이다.

부모는 아들이 자기 주도성을 발휘할 환경을 조성해주기만 하면 된다. 아들이 해야 하는 일을 왜 해야 하는지 설명해줘라. 객관적인 시각으로 아들을 바라보며 기다려주면 된다. 전문가들은 자기 주도성이 태어난 이후부터 만 12세까지 형성된다고 한다. 어릴 때부터 부모가 시키는 대로 살아온 아들은 자기 인생을 주체적으로 살아가기 어렵다. 자기 주도성은 어릴 때부터 길러줘야 한다. 유대인 부모는 자녀가 어릴 때부터 스스로 자신의 길을 선택하도록 이끌고 조언한다. 자기 주도성을 키워주는 것이다. 아들이 부모의 기대와 다른 결정을 하더라도 끝까지 믿고 기다려줘야 한다. 아들은 잘 해낼 것이다.

아들의 자기 주도성, 부모 하기 나름이다

자기 주도성은 만 12세 정도에 완성되지만, 만 6세까지 대부분 형성된다. 어릴 때부터 "엄마가 해줄게"라는 말 대신 "네가 해볼래?"라고 바꿔 말해보자. 아들의 태도에 변화가 나타날 것이다. 지지와 인정은 자기 주도성 향상의 밑거름이다. 아들이 혼자 할 수 있음을 지지해주고 스스로 해낸 일을 인정해주자.

아들을 객관적으로 바라봐야 한다. 또래와 비교하지 말고 온전히 내 아들의 발달 단계를 이해하고 인정해야 한다. 그래야 어느 수준까지 도와야 할지, 스스로 하게 둘지를 정할 수 있다. 실수하더라도 기다려주자. 아들은 아직 성장 중이다. 실수가 있는 것은 당연하다. 스스로 할 의지가 있다면 충분히 기다려주자.

초등학생이 되면 스스로 할 수 있는 일의 범위를 늘려주자. 샤워하기, 책가방 챙기기, 자기 방 정리하기 등 살아가면서 스스로 해야 하는 생활 습관과 관련된 일부터 먼저 시작하자.

처음에는 당연히 잘 안된다. 아들이 스스로 움직이게 하는 것도 부모의 역할이다. "샤워해야지!"가 아니라 "샤워는 언제 할래?"라고 묻자. "숙제해라!" 대신 "숙제는 몇 시에 시작할 거니?"라고 묻는 것이다. 그러면 자신이 주도한다는 느낌이 들어 더 열심히 한다. 가족 행사를 아들이 주도하게 하는 것도 좋다. 가족회의, 가족 여행, 주말 나들이, 쇼핑 계획을 아들이 세우게 하는 것이다. 전체를 맡길 수는 없겠지만 일부분이라도 아들에게 기회를 주자.

아들과 직접 관련된 일은 아들에게 선택권을 주자. 부모가 대신 선택해주면 아들은 스스로 생각하는 법을 배우지 못한다. 부모는 필요할 때 조언할 수는 있지만, 최종 결정은 아들이 할 수 있게 해야 한다. 시간이 오래 걸려도 믿고 기다려주자. 잘못된 선택을 하더라도 안전에 크게 위협이 되는 게 아니라면 경험해볼 만하다. 자기 행동이 불러오는 결과를 알게 되는 값진 경험이 될 것이다. 아들은 몸으로 경험하며 성장한다. 하지만 모든 선택을 아들에게 맡길 수는 없다. 특히 꼭 해야 하는 일이라면 말이다. 대신 아들이 선택권을 가졌다고 느끼게 할 수는 있다. "씻고 밥 먹을래?", "밥 먹고 씻을까?"처럼 질문하는 것이다.

아들에게 선택권을 줄 때 너무 광범위하거나 많은 선택지를 주면 안 된다. 2~3개 정도의 구체적인 선택지를 제시하고 스스로 고를 수 있게 하자. 스스로 선택하고 의견을 표현하는 경험의 기회가 된다. 스스로 정한 약속은 반드시 지킬 수 있게 해야 한다. 그런데 아들은 하기 싫어지면 자기가 정한 약속이니 마음대로 바꾸려고 한다. 자기 주도성을 어디까지 인정해줘야 하는지도 판단하기가 쉽지 않다. 특히 자기 주도성이 강하면 경계선을 잘 설정해줘야 한다. 부모에게서 주도권을 가져가 버릇없게 행동하지 않도록 주의해야 한다. 아들에게 스스로 선택할 수 있는 게 많을수록 책임도 커짐을 알려주자.

4차 산업혁명과 코로나19로 인한 비대면 활동의 증가는 사회에 많은 변화를 일으켰다. 변화의 핵심은 자기 주도성에 있다. 미래 인재의 핵심 역량이기도 한 자기 주도성은 스스로 고민하고 선택하며 자기 삶을 주도적으로 끌어가는 것이다. 자기 주도성은 어릴 때부터 꾸준히 키워줘야 한다. 부모가 대신 고민하고 선택하고 해결해주어서는 절대 자기 주도성을 기를 수 없다. 실패하더라도 아들이 스스로 생각하고 선택해 행동하게 해야 한다. 자기 주도성은 자기 행동을 책임질 때 비로소 완성된다. 아들의 자기 주도성을 키워줄 때는 선택권을 주되 책임도 함께 있음을 반드시 가르쳐야 한다.

사회복지사의 중요한 일 중 하나는 어려운 상황에 놓인 사람을 돕는 것이다. 살다 보면 생각도 하지 못했던 난관에 부딪혀 혼자서 감당하기 힘들 때가 있다. 가정의 주 소득원인 가장의 수입이 끊기거나 질병으로 인해 경제적 어려움을 겪거나 사별·이혼 등으로 복합적인 어려움을 겪기도 한다. 아무리 애를 써도 혼자 해결하기 어려운 상황은 누구나 겪을 수 있다. 이때 누군가가 괜찮냐고 물어 봐주고 이겨낼 방법을 함께 찾아준다면 위기를 이겨낼 수 있다. 중요한 것은 스스로 움직이며 해결해나가는 것이다.

어려운 상황을 겪으면 현재 상황에 매몰되어 원래 갖고 있던 자신의 힘도 잃어버린다. 같은 상황에서 전에는 잘 해결했는데, 지금은 상황에 압도되어 자신이 해결할 수 있다는 것조차 기억하지 못하는 것이다. 그래서 사회복지사는 사람을 도울 때 스스로 해결해나갈 수 있게 한다. 현재 해결해야 하는 어려움을 공유하고, 삶이 나아졌다고 느끼려면 어떤 게 변해야 할지 스스로 고민하게 한다. 답을 찾으면 해결 방법을 함께 논의하고 사회복지사가 할 일, 당사자가 스스로 할 일을 나눠 함께 계획한다. 그리고 스스로 행동할 수 있게 지지한다.

처음에는 저항도 있다. "날 도와주는 게 당신 일 아니냐", "난 모르겠다. 어떻게 해야 할지 방법을 알려줘라", "난 지금 너무 힘들어서 아무것도 할 수가 없다. 그냥 내버려 뒀으면 좋겠다. 귀찮게 하지 마라" 등의 반응이 먼저 나타난다. 도움을 받으러 왔는데, 사회복지사가 자꾸 뭘 생각하라 하고 스스로 해보라고 하고 했냐고 확인하니 당사자들 입장에서는 그럴 만도 하다. 이때 중요한 것은 사회복지사가 지치지 않고 기다려주는 것이다.

지금은 힘들어서 포기하고 싶고 아무것도 하기 싫은 마음을 인정해주고 기다려줘야 한다. 그리고 스스로 작은 일이라도 해내는 경험을 제공해야 한다. 작은 성공의 경험을 쌓으면 큰 어려움이 닥쳐도 일어나는 힘이 생긴다. 단, 스스로 했을 때 가능하다.

사회복지 실천을 하다 보면 도움이 필요하다고 찾아왔으면서 아무것도 시도조차 하지 않으려는 사람, 말로는 열심히 하겠다고 하지만 행동하지 않는 사람, 시도는 하는 데 자꾸 실패하는 사람 등 예측할 수 없는 다양한 경우를 접하게 된다. 사회복지사가 그들을 보며 '왜 저 사람은 변하지 않을까?', '내가 이렇게까지 했는데 자기는 아무것도 안 하네!'와 같은 생각을 하면 당사자의 삶은 절대 나아질 수 없다. 변하리라는 것을 믿고 당사자의 자기 주도성을 조금씩 강화해나가면 사람은 변한다. 사회복지사는 어려움에 부닥친 당사자를 믿고 기다려주고, 변하리라는 것을 확신하며 일한다.

이러한 경험은 아들을 키우는 데도 많은 도움이 됐다. 아들을 '내 아들'이 아니라 '도움이 필요한 사람'으로 보고 사회복지사의 마음으로 대했다. 신기하게도 아들과의 갈등이 줄어들고 상황은 더 나아졌다. 전혀 아무것도 안 할 것 같던 아들이 스스로 움직이는 모습이 조금씩 늘어났다. 사회복지 실천은 사람 사이의 관계에 매우 유용한 방법이다. 그러면 위의 글에서 '당사자'를 '아들'로만 바꿔서 다시 읽어보자. 어색함이 없을 것이다.

🎲TIP 자기 주도성, 이렇게 키울 수 있어요

① 아들이 변하리라는 것을 믿어야 해요. 지금은 아무것도 하지 않으려고 하고 아무리 시켜도 들은 체도 않지만, 언젠가는 스스로 할 거라는 걸 믿어야 해요.

② 아들과 상의하세요. 어떤 일이 생겼을 때 어떻게 해결하는 게 좋겠는지 아들은 어떤 일을 할 거고 부모는 어떻게 도와줬으면 좋겠는지 함께 의견을 나눠야 해요.

③ 평소에도 아들에게 작은 일을 맡겨서 성공 경험을 하게 해주세요. 성공 경험이 쌓이면 스스로 하는 힘이 커집니다.

자아 존중감,
자신을 사랑하기

준호네 학교는 모둠 활동을 많이 하는 편이다. 다양한 주제로 서로 역할을 나누고 준비물을 챙겨와 공동 작품을 만드는 활동이 많다. 어느 날 주간 학습 안내를 살피던 중 모둠 활동 주제가 눈에 띄었다. 뮤직비디오 만들기였다. 초등학교 5학년 아이들이 할 수 있는 걸까 궁금해 준호에게 물어봤다.

"준호야, 뮤직비디오 만들기 어렵지 않니?"

"어려워. 영상도 찍어야 하고, 편집도 해야 하고, 시나리오도 써야 해."

"그럼 어떻게 할 생각이야?"

"어차피 우리(모둠원 중 남자아이들)는 잘 못하니까 여자애들이 시키는 대로 할 거야."

"너희도 잘할 수 있는 게 있지 않을까?"

"여자애들이 더 잘해. 선생님도 여자애들 말 잘 들으라고 하셨어."

같은 나이임에도 아들보다 딸들이 과업 수행을 잘한다고 인정받는 것이 현실이다. 어떤 면에서는 실제로 그렇기도 하다. 그러나 이런 인식은 아들이 자신은 잘하지 못한다고 생각하게 하고 소극적으로 행동하게 한다.

아들과 딸은 뇌 구조의 차이로 발달 단계가 다르지만, 이러한 차이는 성장하며 극복된다. 그럼에도 우리나라 교육 시스템은 일률적인 기준을 잣대로 아들이 부족하다고 평가한다. 아들은 어렸을 때부터 딸들과 비교당하며 자신의 늦됨이 부족함이라고 인식한다. 이는 자신에 대한 신뢰, 존중에도 영향을 미친다.

어렸을 때 낮아진 자아 존중감은 성인이 되어서도 자신을 부족한 존재로 인식하게 한다. 이런 환경에서 자라고 있는 아들이 건강한 자아를 지닌 성인으로 자라게 하려면 어렸을 때부터 자아 존중감을 키워줘야 한다.

마음을 지키는 힘, 자아 존중감

자아 존중감Self-esteem은 스스로를 존중하는 힘이다. 나는 소중한 사람이며 무엇이든 해낼 수 있다고 인식하는 것이다. 자아 존중감은 자신에 대한 긍정적 평가와 관련된다. 자신을 가치 있게 인식하고 존중하며 만족하는 정도를 의미한다. 자아 존중감이 높은 사람과 낮은 사람은 다양한 차이를 보인다. 자아 존중감이 높은 사람은 친사회적이지만 낮은 사람은 반사회적인 행동을 할 가능성이 크다는 로이 F. 바우마이스터Roy F. Baumeister의 연구 결과가 있다. 자아 존중감은 아들의 인지,

행동을 결정할 수 있으므로 중요하다.

자아 존중감은 소속감, 가치, 자신감으로 이뤄진다. 소속감은 주변 환경과 사회적 관계에 속했다고 느끼는 것이다. 관계 속에서 사랑받고 있다고 느끼는 것이기도 하다. 가치는 자신을 가치 있고 중요하다고 느끼는 것이다. 자신감은 주어진 과제나 목표를 해낼 수 있다는 능력에 대한 믿음이다. 어려운 상황이 발생해도 극복할 수 있다고 믿는 것도 포함된다. 자신감이 있으면 삶을 긍정적으로 바라보게 된다. 윌리엄 데이먼William Damon과 대니얼 하트Daniel Hart는 자아 존중감이 높은 사람은 자신을 긍정적으로 바라보고 반대로 자아 존중감이 낮은 사람은 자신을 부정적으로 생각한다고 밝혔다.

리즈너R. W. Reasoner는 자아 존중감이 높은 사람과 낮은 사람의 특성을 이렇게 정리했다. 자기 자신과 타인을 수용하며 타인의 능력과 자기 능력을 잘 인식한다. 자신감 있게 도전해 성취감이 높으며 자기 행동에 책임질 줄 안다. 주변의 자원을 잘 활용해 목표를 이룬다. 반면에 자아 존중감이 낮으면 실패가 두려워 새로운 도전을 잘 하지 않는다. 타인을 신경 쓰며 의존심이 높아 문제를 스스로 해결하지 못한다. 자신의 단점을 받아들이기 어려워하고 부정적인 시각으로 본다. 자신은 목표를 달성할 수 없을 것이고 자신을 가치가 없다고 생각한다.

수행 능력이 자아 존중감에 영향을 많이 미치는 아들은 부정적 피드백을 견디기 어려워한다. 비판이나 비난이 아님에도 방어적으로 행동하고 화를 내거나 부정한다. 이럴 때는 누구나 모든 일을 완벽하게 할 수 없다는 점을 인지시켜야 한다. 늘 칭찬만 받을 수 없다는 것을 받아들이도록 도와야 한다. 부정적인 말을 들었을 때 감정을 다스리고 대응하는 방법을 가르쳐야 한다. 자아 존중감이 안정되면 잘못을 바로잡아주는 말에 긍정적으로 반응하게 된다. 상황에 상관없이 자신에 대한 존중이 확고해지는 것이다.

작은 성공 경험이 자아 존중감을 키운다

자아 존중감은 자신이 점점 나아지고 있다는 걸 느낄 때 높아진다. 자신이 발전하고 있다고 느끼는 데는 '성공 경험'이 필요하다. 거창하지 않아도 된다. 아주 작은 성공이어도 괜찮다. 작은 성취감이 하나씩 쌓이면 자아 존중감이 높아진다.

다른 사람과 비교해서 더 잘하는 것은 도움이 되지 않는다. 항상 더 잘할 수는 없기 때문이다. 나에게 집중하고, 내가 잘하는 것을 찾아 성취해가는 게 핵심이다. 이런 성공 경험이 쌓이면 아무리 어려운 일에 부딪혀도 자신이 잘 해낼 것이라고 믿는다. 스스로를 존중하는 힘이 생기는 것이다.

부모의 지나친 기대와 욕심은 아들의 자아 존중감 형성에 걸림돌이 된다. 기대를 낮추고 아들이 많은 성공 경험을 할 수 있도록 도와야 한다. 집안일을 돕고, 준비물을 챙기고, 혼자서 숙제를 마치는 등 일상에서의 작은 성공 경험을 제공하자.

성공 경험은 노력해야만 결과를 얻을 수 있는 과제를 주는 것이 좋다. 조금이라도 스스로 노력해서 결과가 나타나야 한다. 아들이 과제를 해냈을 때는 성공 여부에 상관없이 노력을 구체적으로 칭찬해주면 된다. 잘 해내지 못하더라도 부정적인 평가보다는 잘한 점을 찾아 칭찬해주자. 못하면 지적해서 잘하게 하고 싶은 마음은 이해하지만, 아들에게는 도움이 되지 않는다.

무엇인가를 해내는 경험이 쌓이다 보면 '할 수 있구나'라고 생각하게 된다. 이것이 반복되다 보면 '나는 노력하면 어떤 일이든 할 수 있다'라는 자신감이 생긴다. 부모의 지시에 따라서가 아니라 스스로 결정해서 행동할 때 자신감은 커진다. 어떤 일을 결정할 때도 아들의 생각을 묻고 반영하면 자아 존중감이 높아진다. 부모의 심부름을 해주면 고맙다고 표현하고, 어떤 점이 도움이 되었는지 설명해주면 좋다. 아들은 자기 존재 가치를 소중히 여기게 된다. 유아기에 부모의 아낌없는 애정을 받은 아들은 안정감을 느낀다. 안정감은 자신감의 토대가 되어 자기 긍정감을 높여준다.

자기에게 주어진 일을 책임감 있게 해내는 아이들은 긍정적인 자기 이미지를 가지고 있다. 긍정적 자기 이미지는 '나는 뭐든 해낼 수 있는 사람이야'라고 믿는 것이다. 긍정적 자기 이미지를 형성하는 데는 주변 사람들의 긍정적 피드백이 도움이 된다. 부모가 '너는 잘할 수 있어. 해낼 수 있어'라고 자주 표현해주면 된다. 부모가 아무 생각 없이 내뱉는 부정적인 말은 아들의 자아 존중감을 떨어뜨린다. '너는 맨날 그 모양이냐?', '몇 번을 말했는데 못 알아듣니?', '너 바보야?' 같은 말은 금지어다. 이런 말을 듣는다고 아들이 반성하거나 바로 나아지지 않는다. 화가 나고 억울해하며 자신감만 잃는다.

자아 존중감은 다양한 요소로 구성된다

자신감과 자아 존중감은 비례 관계에 있다. 자신감이 있으면 자아 존중감이 높다. 아들의 자아 존중감을 높이기 위해서는 자신감을 느끼게 하는 것이 필요하다. 자신감은 부모의 믿음에서 시작된다. 실수했을 때 지적하고 야단치는 일이 잦으면 자신감이 생길 수 없다. 아들의 실수에 둔감해져야 한다. 지지해주고 더 잘할 수 있다고 격려해주어야 자신감이 생긴다. 아들은 딸보다 인지적 성장 속도가 늦다. 초등학교까지는 딸들이 앞서는 경우가 많다. 남녀 발달 차이를 모르는 아들은 자신감을 잃기도 한다. 자아 존중감 형성에 부정적 영향을 받을 수도 있다. 따라서 아들이 자신을 부정적으로 생각하지 않고 잘할 수 있다는 것을 믿게 해야 한다.

자아 존중감과 자기 효능감은 뗄 수 없는 관계이다. 자기 효능감은 자신에게 주어진 일을 성공적으로 해낼 수 있는 능력이 있다는 믿음이다. 자기 효능감이 높으면 장애물에 부딪히더라도 힘을 내어 다시 도전할 수 있다. 긍정적인 생각과 태도로 일을 해내기 때문에 성공 가능성도 크다. 자기 효능감이 부족하면 조금만 어려운 일에 부딪혀도 자신이 해낼 수 없을 거라 생각한다. 자기 효능감이 높다고 더 뛰어나게 일을 처리하는 것은 아니다. 힘든 일과 실패에 현명하게 대처하는 능력이 더 뛰어난 것이다. 이런 자기 효능감이 높으면 자아 존중감이 높아질 수밖에 없다.

자아 존중감은 자기 자신을 지키며 높아진다. 아들이 괴롭힘을 당하거나 실수를 했을 때 대처하는 법을 가르쳐야 한다. 스스로 방어하고 지킬 수 있어야 자신을 존중할 수 있다. 삶을 살아가며 지켜야 하는 올바른 상식과 예절을 알려줘라. 아들이 세상을 살아가는 밑거름이 될 신념으로 쌓일 것이다.

옳다고 믿는 신념을 지키는 방법도 가르쳐야 한다. 자신과 관련된 신념일 수도 있지만 타인을 위한 것일 수도 있다. 도움이 필요한 사람이 있으면 마다하지 않고 나서도록 가르쳐라. 남을 위하고 이롭게 하는 마음, 이타심은 자신에 대한 신뢰로 이어진다.

자아 존중감이 높으면 내적 통제에 따라 행동하는 경향이 높다. 외부 요인보다 자기 내면에 의해 행동하는 것이다. 내적 통제에 따르는 아이들은 학교생활에 잘 적응하고 친구가 많으며 부모와의 관계도 원만하다. 외부적 요인에 영향을 받는 아들은 타인에게 인정받기 위해 노력하고, 그 기준을 계속 높여간다. 타인을 의식하다 보니 불안감이 높고 긴장 상태에 있을 때가 많다. 내적 통제, 즉 자신에게 집중하고 자신을 믿는 아들은 불안이 적다. 실수해도 다시 도전하면 된다고 생각하기 때문에 마음이 안정적이다. 아들에게 질문하고 귀 기울이자. 부모의 질문을 통해 아들은 자신의 내면을 들여다보고, 집중하게 된다. 또한, 아들의 내면에 보이는 부모의 관심을 통해 아들은 자기 내면의 중요성을 깨닫게 된다.

자아 존중감은 마음을 지키는 힘이다. 자아 존중감이 높아야 아들의 마음을 지킬 수 있다. 자아 존중감은 짧은 시간에 형성되지 않는다. 어릴 때부터 부모의 사랑과 신뢰가 있어야 한다. 스스로 결정하고 행동하는 과정을 통해 자란다. 작은 성공 경험은 '할 수 있다'라고 생각하게 한다. 성취감은 자아 존중감 향상에 큰 도움이 된다. 아들이 부모에게 인정받고 싶어 하면 충분히 인정해주어야 한다. 부모의 인정과 지지는 아들의 자신감을 키워준다. 자기감정을 파악하고 표현하게 돕자. 상황에 따라 느끼는 감정을 표현하면서 자신감을 느끼게 된다. 자기 내면에 집중하면 외부의 영향을 덜 받는다. 자신을 지킬 힘이 생기는 것이다.

🗂TIP 자아 존중감, 이렇게 키워주세요

① 감정 표현 연습을 시키세요. 감정 표현을 잘하지 못하는 아들은 "나는 ○○○할 때 ○○○라고 느낀다"라고 말하는 연습을 하면 좋아요.
② 나의 강점, 잘하는 것, 자랑거리를 생각하고 적어보게 하세요.
③ 아들의 말에 즉각적으로 반응해주세요. 하던 일을 멈추고 눈을 맞추며 반응해주면 아들은 존중받는다고 느껴요.
④ 실수하더라도 꾸짖지 마세요. 실수했을 때 꾸짖으면 실패감을 느껴요. 아들은 성장하기 위해 필연적으로 필요한 과정을 겪고 있는 거예요. 실패한 게 아니라는 걸 기억해주세요.
⑤ 칭찬도 적당히 해야 해요. 칭찬을 쏟아붓는다고 자아 존중감이 높아지지 않아요. 아들이 이해할 만한 칭찬을 해야 효과가 있어요.
⑥ 아들의 존재 자체를 사랑한다고 말해주세요. 아들이 뭘 잘해서가 아니라 존재하는 것만으로 고맙고 사랑한다고 말해주세요.
⑦ 재능을 찾게 도와주세요. 자기 삶을 소중히 여기고, 건강하게 살려면 목적이 있어야 해요. 아들의 재능은 삶의 목적을 정하는 데 도움이 돼요.

기다림,
스스로 할 수 있을 때까지

우리나라의 가부장제와 남아 선호 사상은 아들에게 스스로 할 기회를 주지 않는 일등 공신 중 하나이다. 이런 일등 공신의 영향으로 아들에게는 집안일을 시키지 않았다. 원하는 것은 부모가 대신해줬다. 반면 딸에게는 집안일을 가르치고 부모 역할을 맡기기도 했다. 이러한 상황의 배경에는 아들과 딸의 차이도 존재한다. 딸은 시키지 않아도 스스로 자신이 해야 할 일을 찾아서 하지만 아들은 시켜도 잘 하지 않는다. 그러나 잘하지 못하고 하지 않는다고 계속 기회를 주지 않으면 아들은 자립심을 기를 기회를 잃게 된다.

반려묘와 사는 사람 중에는 '집사'를 자청하는 사람들이 많다. 집사는 주인 가까이에 있으면서 그 집 일을 맡아보는 사람이다. 반려묘와 사는 사람들은 라이프스타일이 고양이에게 맞춰지고 고양이 중심으로 생활하게 된다. 고양이를 주인처럼 모시고 산다는 의미에서 '집사'라고 칭하는 것이다.

부모들도 아들을 양육하며 '집사'의 역할을 도맡아 하는 경우가 있다. 아들의 일을 하나부터 열까지 다 해주는 것이다. 아들이 원하는 일, 하기 싫어하는 일은 물론이고 바라지 않은 일까지 알아서 해준다. 부모가 집사 역할을 할수록 아들은 스스로 하는 방법을 잊는다. 부모에 대한 의존성만 강해진다. 아들이 단단하게 자라는 데 이런 부모의 역할이 도움이 될까? 아니다. 아들은 스스로 할 때 마음이 자란다.

기다림, 자립심을 키우는 비법

아들은 부모의 기대보다 행동이 느리고 둔하다. 부모는 결국 아들이 스스로 해낼 때까지 기다려주지 못한다. 답답한 마음에 소리를 지르거나 화를 내며 부모가 그 일을 대신해버린다. 잔소리하고 화를 내면서도 책가방을 싸준다. "계속 늦잠 자면 다시는 안 깨워줄 거야!"라고 말하면서도 아침이면 어김없이 아들을 깨운다.

반복되다 보면 아들에게는 '어차피 엄마가 다 해줄 텐데 뭐'라는 마음이 생긴다. 의타심이 생기는 것이다. 이것은 응석받이가 되는 지름길이다. 스스로 해야 할 일을 부모가 대신해주다 보면 아들은 자기 행동에 책임질 줄 모르는 사람으로 성장한다. 스스로 해본 적이 없고, 결과를 책임져본 경험이 없기 때문이다.

아들이 스스로 할 기회를 주어야 한다. 위급한 일이 아니라면 기다리며 스스로 하도록 내버려 두어야 한다. 부모가 지금 참고 기다리면 앞으로가 편해진다.

기다리는 것은 생각보다 쉬운 일이 아니다. '정해진 시간 내에 할 수 있을까, 제대로 해낼까, 못 해내면 어떡하지…'라는 불안감이 부모를 지배하기도 한다. 차라리 빨리 끝낼 수 있게 도와줘야 부모의 마음이 편하다. 그만큼 아들을 기다려주는 데는 매우 큰 인내심이 필요하다. 참기 힘들지만 없는 인내심까지 끌어내어 기다려줘야 한다. 부모의 기다림은 아들이 일의 순서나 습관을 배울 수 있게 한다. 스스로 하는 자립심과 창의성을 습득하게 돕는다.

사라 이마스가 쓴 《유대인 엄마의 힘》에 의하면, 유대인 부모들은 비밀스러운 양육자다. 요즘 화제가 된 '태만한 양육'을 실천한다. 부모가 나서서 아들이 할 일을 대신해주는 게 아니라 도움을 요청하면 그때 도와준다. 유대인 부모는 자녀의 앞날을 위해 자립심을 선물하는 것이다.

아들이 성공하기를 바란다면 적당한 시기에 물러날 줄 알아야 한다. 부모가 손을 잡고 있으면 아들은 높이 날지 못한다. 아들을 기다려주고 스스로 할 수 있게 기회를 주는 이유는 하나다. '자립심'을 키우는 것. 스스로 결정하고 자기 행동에 책임을 지고 실수를 두려워하지 않는 것은 자립심의 필수 요건이다.

훈육은 교육이다. 교육의 목표 중 하나는 '자립'이다. 아들을 편하게 지내게 하고 싶은 마음은 부모라면 누구나 같다. 하지만 그런 마음이 사회에서 아들을 도태시키기도 한다. 부모가 일을 대신해주고 실수를 변명해주는 건 아들을 돕는 게 아니다. 아들이 경험할 기회를 뺏고 좌절을 극복해볼 기회를 얻지 못하게 하는 것이다. 스스로 할 줄 모르고 책임질 줄 모르면 다른 사람들과 조화를 이루며 살기 어렵다. 아들이 겪는 불편함을 참고 용기를 내어 지켜봐 줘야 한다. 그래야 자립할 수 있다.

아들의 속도에 맞추기

아들에게 자주 하는 말 중 하나는 "다 했어?"이다. 다 안 한 걸 알면서도 한창 공부 중인 아이에게 "다 했어?"라고 묻는다. 부모의 조급함 때문이다. 그런 말을 듣는 아들은 스트레스를 받는다. '아직도 안 됐니?'라고 들리고 초조해지기 시작한다.

아들이 어떤 일을 하는 중간에 말을 걸면 집중력이 흐트러진다. 그러면 아들은 방해받는다고 생각한다. 아들을 격려하고 돕는 방법은 말없이 기다려주는 것이다. 다 끝내고 아들이 말을 걸면 "열심히 했구나"라고 말하며 격려해주자. "네가 끝까지 해내려고 노력하는 모습이 좋았어"라고 칭찬하며 아들을 보고 있었다는 것을 알려주자.

아들에게 스스로 할 기회를 주자. 무엇이든 직접 해보도록 해야 한다. 처음에는 적절한 설명과 함께 시범을 보이고 스스로 하게 두는 것이다. 실수하더라도 중간에 끼어들면 안 된다. 부모들이 자주 하는 행동 중 하나가 중간에 실수를 지적하는 것이다. 부모가 개입하지 않고 아들이 자율적으로 결정하고 행동할 수 있게 해야 한다. 잘못에 대한 지적은 일을 마친 후에 하자. 잘한 부분은 칭찬하고 잘못한 부분을 알려주거나 다시 시도하도록 격려하는 것이다. "뭐 도와줄까?"보다는 "잘할 수 있어. 잘할 거야"라고 말해주자. 아들은 뭘 도와줄지 물어보는 것을 자기가 잘못하고 있어서라고 생각할 수 있다.

아들이 스스로 하게 기다리다 보면 현실적인 상황에서 갈등이 생길 때가 있다. '스스로 잘 챙기지 못하는데 간섭하지 않아도 공부를 할 수 있을까?' 하는 불안감이 생긴다. 마냥 기다리다 보면 학교와 학원에서는 진도를 못 맞추게 된다. 숙제를 챙기지 못하면 선생님에게 연락이 오고 마음은 더 조급해진다. 아들이 스스로 챙길 수 있을 때까지 기다리기에는 주변의 속도가 너무 빠르다.

스스로 행동하고 해결해나가도록 기다리는 과정이 주변의 속도와 맞지 않을 때는 어떻게 해야 할까? 쉬어가자. 내 아들의 속도에 맞추자. 기본기를 다지고 간다는 생각으로 기다려주자. 조금 느려도 괜찮다. 재촉해봤자 내 아들의 마음만 다친다.

사람은 저마다의 속도가 있다. 빠른 사람, 느린 사람, 적당한 사람…. 각자 이해하고 해내는 속도가 다르다. 아들은 스스로 해보며 속도를 찾는 중이다. 어떤 일은 빠르고 어떤 일은 느리다. 아들이 자기만의 속도를 찾아가도록 기다려줘야 한다. 조금 느리더라도 비교하지 말고 내 아들만의 속도를 믿고 기다려주자.

시간이 조금 더 걸리더라도 누구보다 훌륭하게 자랄 것이라는 믿음이 중요하다. 느린 기질의 아들을 계속 다그치면 위축되고 용기를 잃는다. 그럴 때는 시간을 정해주고 일을 마치도록 해보자. 부모가 다그칠수록 아들은 생각할 능력을 잃어버린다. 아들의 속도를 기다려주면 스스로 성장한다.

부모는 아들이 낙오되는 것을 원치 않기 때문에 아들이 원하지 않는데도 나서서 돕는다. 이러한 행동은 아들에게 혼자서 해내지 못할 것이라는 메시지를 전달한다는 것을 기억해야 한다. 아들이 어려움에 부닥칠 때마다 부모가 즉각 나서서 해결하면 안 된다. 아들이 스스로 결정을 내리고 부모가 결정한 일에도 아들이 의견을 낼 수 있게 해야 한다. 부모가 중간에 나서서 돕는 것은 아들의 자립성과 책임감이 자라지 못하게 한다. 아들은 아직 어리기 때문에 틀린 결정을 할 수도 있다. 그 또한 아들이 경험해야 하는 성장의 과정이다. 실수로부터 배우고 책임질 수 있게 기다려주는 것이 부모의 역할이다.

TIP 아들을 기다려주려면 기억하세요

① 아들의 실패나 실수를 부모의 일로 생각하지 마세요

아들은 아직 배우는 중이기 때문에 실패하거나 실수하는 것은 당연해요. 그게 부모의 잘못은 아니에요. 아들의 성공 또한 마찬가지예요. 아들의 성공이지, 부모의 성공이 아니에요. 아들과 부모를 분리하지 못하면 아들을 기다려줄 수 없어요. 일의 성패에 매달리게 되니까요.

② 아들의 인격과 관련지어 말하지 마세요

어떤 일을 할 때 쉽게 포기하거나 두려워하는 아들도 있어요. 아들의 인격을 공격하는 말은 삼가야 해요. "너는 왜 그렇게 게으르니?", "그럴 줄 알았다. 너는 끈기가 없어", "뭐가 무섭다고 그러니? 유별나다" 등의 말은 아들의 수치심만 키워요. 아들이 쉽게 포기하려고 하면 쉬운 단계부터 해볼 수 있게 제안해보세요. 방법을 가르쳐주는 게 부모의 역할이에요.

③ 도움을 청하는 방법을 가르쳐주세요

스스로 해보다 안 되면 도움을 청해도 된다는 것을 알려주세요. 도움을 청하는 것은 부끄러운 일이 아니라는 것을 알려주어야 해요. 도움을 청할 줄 아는 사람은 도움을 줄 수 있는 사람이기도 해요. 도움을 청할 줄 알면 쉽게 포기하는 일도 줄어들어요. 그러면 부모도 조금 더 느긋하게 기다릴 수 있어요.

④ 속도가 매우 느리다면 목표 시간을 정해주세요

아들의 속도는 맞춰주어야 하지만, 계속 늑장을 부린다면 개입할 필요가 있어요. 목표를 달성할 시간을 정해주세요. 시간 안에 끝내면 바로 보상해주세요. 단, 보상은 매번 할 필요는 없어요. 목표 시간은 무조건 일을 끝낼 수 있을 정도로 넉넉하게 줘서 성공 경험을 하게 해주세요. 점점 스스로 해내는 일이 많아질 거예요.

만족 지연,
곧바로 채워주지 않기

준호는 요즘 유행인 만화 캐릭터 빵을 먹어보고 싶다고 노래를 불렀다. 사주고 싶어도 인기가 워낙 많아 어디서도 구하기 힘들었다. 편의점, 슈퍼마켓을 몇 군데씩 돌아다니며 산다는 사람들도 있지만 그렇게까지 해서 사주고 싶지는 않았다.

어느 날 야근하고 있는 남편에게 전화가 왔다. 중고 거래로 그 빵을 샀다는 것이다. 무려 2배 이상의 값을 주고 말이다. 아들이 너무 먹고 싶어 해서 샀다는 남편의 마음도 이해는 갔다. 다른 친구들은 다들 맛을 보고 스티커도 자랑하는데 우리 아들만 해보지 못한 게 마음에 걸렸던 거다. 하지만 그냥 넘어갈 수는 없어 준호와 이야기를 나눴다.

"준호야, 갖고 싶다고 해서 모든 걸 가질 수는 없어. 특히 웃돈을 주면서까지 그 빵을 사는 건 잘한 일은 아니라고 생각해."

"엄마, 경제적으로 여유가 있어서 돈을 더 주고 갖고 싶은 걸 사는 게 왜 나빠?"

순간, 뒷골이 당겼다. 틀린 말은 아니지만 뭔가 초점이 달랐다.

"준호야, 그게 나쁜 건 아니야. 하지만 네가 정말 갖고 싶었다면 갖기 위한 노력을 하는 게 먼저야. 노력은 하지 않고, 돈을 더 주고 쉽게 물건을 구하는 건 좋은 방법이 아니야."

"그것도 노력이지."

"…."

할 말이 없어져 결국 "그 돈은 엄마 아빠가 힘들게 일해서 번 돈이다. 그럴 거면 네 돈으로 사 먹어라"라는 식의 잔소리로 이어졌다. 준호는 필요한 것이 있으면 노력하거나 기다려서 얻기보다 쉬운 방법을 택해 빨리 얻는 것에 익숙해지고 있었다.

만족 지연의 힘

물질적 풍요가 지배하는 세상에서 아이들은 부족함 없이 자라고 있다. 욕구의 지연과 거절을 참지 못하는 아이들도 많아지고 있다. 부모가 부족함 없이 필요를 채워주다 보니 원하는 것을 얻기 위해 노력하고 기다리는 것을 경험할 기회가 없어서이다. 여전히 사회에 자리 잡은 남아 선호 사상과 아들에게 더 허용적인 양육 태도는 아들이 참을성을 기를 기회를 주지 않는다.

부모들은 아들이 '만족을 지연시킬 기회'를 빼앗고 있다. 당장의 욕구를 참아내면 더 좋은 결과를 얻을 수 있다는 것을 알 기회를 주지 않는 것이다. 더 큰 결과를 얻기 위해 당장의 즐거움, 욕구를 자발적으로 통제하면서 욕구 충족의 지연에 따른 좌절감을 인내하는 능력을

'만족 지연Delay of gratification 능력'이라고 한다. 쉽게 말하면, '지금 하고 싶은 일이 있지만, 더 좋은 일을 위해 참을 수 있는 능력'이다.

제한 없는 물질적 풍요는 아들에게 독이 된다. 사라 이마스의《유대인 엄마의 힘》에 따르면, 유대인은 '만족이 과도한 것'을 '보이지 않는 폭력'으로 여긴다고 한다. 유대인의 중요한 교육법 중 하나가 만족 지연이다. 표현하지도 않았는데 부모가 욕구를 미리 만족시키면 특별대우에 익숙해진다. 그러면 아들은 타인에게 무관심한 사람으로 자라게 된다. 아들이 바라는 것은 무엇이든 즉시 들어주면 어려움과 고통을 참을 줄 모르는 사람이 된다. 모든 면에서 과도하게 욕구를 충족시키면 자원(물질, 대인 등)의 소중함을 모르는 사람이 된다. 부모가 '미리 만족', '즉시 만족', '과도한 만족'을 시키는 것은 아들을 망치는 지름길이다.

아들이 원하는 모든 것을 들어주는 것은 아들을 위하는 일이 아니다. 세상을 살아가려면 원하는 게 있어도 기다려야 하고 더 중요한 것을 선택해야 할 때도 있다. 원하는 것이 있어도 다 가질 수 없다는 것도 배워야 한다. 만족을 유보할 줄 아는 능력은 아들이 세상을 살아가는 데 꼭 필요하다.

템플대학 올슨 랩의 설문 조사 결과에 따르면 교육이나 직무와 관계없이 자기만족을 지연시키는 능력을 갖춘 사람들의 급여가 더 높은 것으로 나타났다. 올슨 랩의 선임연구원인 윌리엄 햄프턴 박사는 "자녀가 높은 연봉을 받는 직업을 갖기 원한다면 더 큰 보상을 위해 기다릴 줄 아는 역량을 길러줘야 한다"고 했다.

아들이 험난한 세상을 헤쳐나가려면 생존력이 강해야 한다. 생존력은 원하는 것을 스스로 노력해서 얻어야 한다는 것을 깨우칠 때 강해진다. 아들의 생존력을 높이기 위해서는 원하는 것을 다 들어주면 안 된다. '있어도 없는 척', '할 수 있어도 못하는 척'을 해야 한다. 유대인 부모는 자녀가 부모를 잘 이해하고 존중하도록 키운다. 가정 형편에 대해서도 솔직히 이야기한다. 가정 형편을 알면 부모의 노고를 이해하고 도우려고 노력하게 된다. 필요한 것이 있어도 참으려고 한다. 그렇다고 가정 형편에 대해 아들이 부담을 느낄 정도로 자세히 말할 필요는 없다. 아들이 욕구를 참고 부모를 이해할 정도면 충분하다.

만족 지연 교육

부모는 아들의 욕구를 적절하게 만족시켜야 한다. 아들이 참는 법을 배울 수 있게 '만족 지연' 교육을 해야 하는 것이다. 불필요한 욕구는 적절하게 조정해주어야 한다. 욕구가 지연됨으로써 느끼는 좌절감도 받아들일 수 있도록 돕는 것이 부모의 역할이다.

사랑하는 아들을 위해서 무엇이든 해주고 싶은 마음은 잠시 접어두자. 아들이 명확하게 자신의 욕구를 표현할 수 있도록 가르치자. 욕구를 표현하기 위해서는 원하는 것이 무엇인지 먼저 파악할 수 있어야 한다. 욕구는 정중하게 표현하게 해야 한다. 부탁이나 상의하는 등의 바른 방법으로 요구할 때만 들어주어야 한다. 떼를 쓰거나 억지 부릴 때는 요구를 들어줘서는 안 된다.

사회복지사가 어려운 상황에 처한 당사자를 도울 때 제일 먼저 하는 것은 '초기 상담'이다. 당사자의 주요 문제나 욕구를 확인하는 과정이다. 초기 상담은 결과에 따라 당사자를 돕는 일이 성공할 수도 실패할 수도 있기에 매우 중요하다.

초기 상담에서 확인하는 욕구Need는 당사자에게 필수적이거나 아주 중요해서 꼭 필요로 하는 것을 말한다. 욕구를 확인할 때는 요구Want와 잘 구분해야 한다. 요구는 당사자가 원하거나 하고 싶어 하는 것을 말한다. 꼭 필요하지는 않지만 원하는 것으로 생각하면 된다. 이는 아들 양육에도 적용할 수 있다. 아들의 욕구와 요구를 잘 구분해내면 조금 더 쉽게 만족 지연 교육을 할 수 있다. 아들에게 꼭 필요한 욕구는 들어주되 요구는 참고 기다리게 해야 한다.

사실 아들이 요구하는 것은 대단한 것이 아닐 때가 더 많다. 간절히 원하는 눈빛으로 애교를 부리며 말할 때는 마음이 흔들린다. 그러나 아들의 작전에 휘말리면 안 된다. 사소한 것이라도 참는 법을 가르쳐야 한다. 부모조차 지키기 어렵다면 규칙을 정해보자. 행동 범위에 대한 규칙을 정하면 충동적인 행동을 막을 수 있다. 규칙을 지켜나가는 경험이 반복되다 보면 아들은 충동적인 욕구를 스스로 다스릴 줄 알게 된다. TV를 보기로 한 시간이 지났다면 미련 없이 꺼버리자. 단, 아들에게 TV를 끄겠다고 통보는 해야 한다. 강제로 중단시키면 강압적으로 느껴 부모와 멀어진다.

만족 지연 교육을 할 때 무리한 요구는 단호하게 거절해야 한다. 《유대인 엄마의 힘》에서 유대인 교육자 메시아는 '거절'이 중요하다고 했다. 아들에게 해서는 안 되는 일에 대해 가르치는 것은 매우 중요하다고 했다. 거절도 방법이 있다. 무조건 "안 돼"라고 말하기보다는 아들을 존중하는 태도로 이유를 설명해야 한다. 말로 거절하되 긍정적인 표현을 사용하자. 아들이 혼자 해결하지 못해 도움을 요청할 때도 있다. 바로 나서서 돕지 말고 해결 방법을 다시 생각해보도록 격려하는 것이 좋다. 자기 노력으로 성공의 경험을 하면 노력의 과정을 견딜 힘이 생긴다.

고난을 이겨내고 성공을 경험하면 뇌에서 도파민이 분비되어 쾌감을 느낀다. 그러면 쾌감을 또 얻기 위해 과정을 이겨내게 된다. 보상도 같은 역할을 한다. 일의 결과에 따른 보상은 원칙이 있어야 한다. 보상 시기, 종류, 기준이 명확해야 한다. 부모의 기분, 상황에 따라 보상이 이뤄져서는 안 된다. 보상 기준이 명확하지 않으면 아들은 행동의 기준을 세우는 데 어려움을 겪는다. 보상을 잘 활용하면 과정을 견디는 인내심을 기르는 데 도움이 된다. 아들이 어떤 일에 도전할 때는 과정을 칭찬하고, 격려해주고 보상을 활용하자. 아들이 만족 지연을 받아들이면 바로 칭찬하자. 기다리는 습관을 들이는 데 도움이 된다.

더 나은 결과를 위해 당장의 욕구를 참고 기다리는 것은 세상을 살아가는 데 매우 중요하다. 만족 지연 능력은 뇌 발달과 관련 있으며 10세 이후에는 잘 형성되지 않는다. 어릴 때부터 키워주는 것이 중요하다. 만족 지연 능력이 부족하면 타인에게 무관심하고 충동적이며 어려움과 고통을 참아낼 줄 모르는 사람으로 자란다. 욕구를 바르게 표현하는 법을 가르치고 거절 교육을 해야 한다. 어떤 결과를 내기 위해 고통을 참고 견디는 과정을 통해 성공의 경험을 한 아들은 만족 지연 능력이 향상된다. 보상을 활용할 수도 있다. 아들이 원한다고 모든 걸 해주지는 말자. 성공하는 인생을 살게 하고 싶다면 만족 지연 교육은 필수다.

✂TIP 만족 지연 교육, 이것만은 지켜주세요

① 필요를 미리 충족시켜주지 마세요

아들이 필요로 하는 것을 부모가 미리 채워주지 마세요. 간식, 학용품, 장난감 등을 미리 준비해줄 필요가 없어요. 꼭 필요할 때, 필요한 만큼만 준비해주세요. 항상 다 준비되어 있다면 부족함이 생겼을 때 스스로 준비하는 방법을 알지 못해요. 결핍의 상황을 견디지 못하기도 하고요. 가장 중요한 건 자원의 소중함과 아껴 쓰는 법을 배우지 못하게 된다는 거예요.

② 아들이 원한다고 다 들어주지 마세요

정말 필요한 경우에만 요구를 들어주세요. 요구를 들어줄 때도 즉시 해주어야 할 것, 시간을 두고 할 것을 정해서 해주어야 해요. 요구 사항이 바로 충족되다 보면 참는 법을 배우지 못하게 돼요.

③ '욕구'와 '요구'를 구분해야 해요

아들이 원하는 것이 꼭 필요한 '욕구'인지, 필수적이지는 않으나 하고 싶은 '요구'인지를 판단해야 해요. 부모가 욕구와 요구를 구분할 수 있으면 아들도 그것이 가능해져요. 그러면 무리한 요구를 하는 일도 줄어들어요. 스스로 만족 지연을 하게 되는 거죠.

07

역경 지수,
고난과 좌절 이기기

'2021 청소년 통계(통계청과 여성가족부 발표 결과)'에 따르면, 9~24세 청소년 10만 명당 사망 원인의 1위는 자살인 것으로 나타났다. 9년 연속 한국 청소년의 사망 원인 1위가 자살이었다. 자살 동기를 보면 남자는 10~30세에서, 여자는 모든 연령대에서 정신적 어려움의 비중이 컸다. 급변하는 세상은 많은 것을 요구한다. 알아야 할 것도 많고 할 줄 알아야 하는 것도 많다. 변화에도 민감해야 하고 조금만 뒤처져도 낙오된다. 교육은 변화를 따라가는 데 초점이 맞춰져 아이들의 지식 수준은 높아지고 있다. 물질이 풍요로워지며 신체적으로도 건강해졌다. 그러나 정신적 건강은 예전만 못하다.

교육 수준이 높아지고 물질적 풍요를 누리며 아들은 좌절을 경험할 기회가 적어졌다. 부모의 든든한 울타리 안에서 아들은 시련으로부터 보호받는다. 그러나 부모가 언제까지 아들을 지켜줄 수는 없다. 아들은 세상으로 나아가 스스로 살아가야 한다. 삶에는 아름다운 성공만 있을 수 없다. 남보다 뒤처질 때도 있고 앞설 때도 있다. 실패가 반복될 수도 있다. 내가 좋아하는 사람이 나를 싫어하기도 한다. 예측할 수 없는 인생을 살아가는 것은 생각보다 고되다. 특히 외부 환경에 의해 생기는 역경은 스스로 조절할 수 없다. 그러나 역경을 대하는 태도는 스스로 선택할 수 있다. 역경 지수를 높이는 교육이 필요한 이유다.

아들은 본능적으로 매사에 경쟁한다. 모든 것이 경쟁을 통해 이뤄지기 때문에 승부는 아들에게 매우 중요한 의미가 있다. 아들이 경쟁에서 졌을 때 느끼는 좌절감을 제대로 다루지 못하면 앞으로 나아가지 못한다. 경쟁에서 항상 이길 수는 없으므로 아들이 좌절을 받아들이고 미래를 바라보게 도와야 한다. 좌절과 역경을 발전의 과정으로 생각하고 즐기게 해야 한다. 그럴 때 아들은 더 힘을 받아 적극적으로 방법을 찾는다. 즉 좌절과 역경을 대하는 태도가 아들의 미래를 결정짓는 것이다.

아들의 성공, 역경 지수를 키워야 한다

인생을 살아가다 보면 누구에게나 고난의 순간이 찾아온다. 그때 어떤 사람은 주저앉고 어떤 사람은 이겨낸다. 사람들은 어려운 상황에 부닥치면 포기하거나 안주하거나 도전한다. 고난의 순간을 어떻게 견뎌내느냐는 역경 지수에 달렸다.

역경 지수AQ, Adversity Quotient 는 미국의 커뮤니케이션 이론가 폴 스톨츠Paul Stoltz 박사가 만든 용어다. 살면서 접하는 역경에 굴복하지 않고 목표를 달성하는 능력을 지수화한 것이다. 즉 어려운 상황에 굴하지 않고 앞으로 나아가 위기를 극복하고 목표를 성취하는 능력을 말한다.

폴 스톨츠는 세상이 복잡해지고 예측할 수 없는 사건·사고가 많아지면서 지능 지수IQ, Intelligence Quotient 대신 역경 지수로 사람의 능력을 가늠하게 될 것이라고 강조했다. 그는 앞으로는 지능·감성 지수보다 역경 지수가 높은 사람이 성공한다고 말했다. 미국 대학 입시 표준화 시험인 SAT를 주관하는 칼리지보드The College board는 응시자의 경제적·사회적 환경을 고려하는 '역경 점수Adversity Score'를 도입하기로 했다. 응시자의 어려움, 곤경 극복 등 SAT 점수에 반영되지 않는 부분에서의 성취를 점수의 요소로 인정하겠다는 것이다.

이스라엘 교육자들 또한 지능 지수, 감성 지수만큼 역경 지수가 중요하다고 말한다. 성공한 인생을 사는 데 역경 지수와 감성 지수가 80%의 영향을 미친다고 했다. 역경 지수가 높을수록 새로운 도전을 두려워하지 않고 위험을 긍정적으로 받아들인다. 성공한 사람들은 역경을 삶의 일부분으로 인정한다.

역경 지수가 높은 사람은 자신이 겪는 실패나 역경의 책임을 다른 사람에게 돌리지 않는다. 자신을 비난하거나 비하하지도 않는다. 역경은 얼마든지 헤쳐나갈 수 있다고 믿는다. 조선 시대 최고의 실학자 다산 정약용은 귀양 간 유배지에서 "드디어 책을 마음대로 읽을 수 있게 되었다"라고 했다. 언제 죽을지 모르는 상황에서도 불안에 떨거나 남을 원망하며 시간을 허비하지 않았다. 오히려 방대한 저술 활동으로 역사에 이름을 남겼다.

역경 지수가 낮은 사람은 실패하면 회복하기 어려울 정도로 절망에 빠진다. 실패를 인정하지 못하고 그것을 이겨내야 하는 과정으로 받아들이지 못해서이다. 자기에 대한 평가가 지나치게 높은 사람도 실패나 좌절을 인정하지 못한다. 성공과 이기는 경험만 해왔기 때문이다. 유대인 부모는 자녀의 역경 지수를 높여주려고 일부러 역경과 시련을 만든다. 부모가 역경에 대해 긍정적인 자세를 보이면 아들도 역경을 적극적으로 받아들인다. 부모가 역경에 처했을 때 현실을 회피하거나 비관적으로 받아들이면 아들은 역경을 소극적으로 대한다. 부모의 태도에 따라 아들은 고난에 성숙하게 맞설 수도 있고 실패를 두려워하는 사람이 될 수도 있다.

어려서부터 꾸준히 노력해야 하는 것

아들의 역경 지수를 높이는 대표적인 방법으로 '좌절 교육'이 있다. 좌절을 겪을 때 자신감을 잃지 않도록 격려하고 회복 능력을 기를 수 있게 돕는 것이다. 좌절 교육은 단시간에 효과를 나타내지 않는다. 어려서부터 꾸준히 이뤄져야 한다.

부모는 자신의 실패뿐만 아니라 아들의 실패에도 담담하게 반응해야 한다. 아들이 실패했을 때 혼내거나 부모가 낙담하는 태도를 보여서는 안 된다. 실패 원인을 함께 찾아보고 다시 도전할 수 있게 도와야 한다. 중요한 것은 좌절감에 오래 빠져 있지 않도록 해야 한다. 좌절 교육은 실패를 경험하며 스스로 해결하고 발전할 수 있다는 사실을 깨닫게 해준다.

위인전을 읽어주는 것도 도움이 된다. 위인전은 위인들이 역경과 좌절을 딛고 일어서는 과정을 보여준다. 이를 통해 인생은 역경과 좌절을 딛고 일어서는 여정이라는 것을 자연스럽게 알게 된다. 위인들이 고난을 극복해가는 과정을 보며 고난을 대하는 자세를 배울 수도 있다. 위인들이 어떻게 역경을 이겨냈는지에 초점을 맞춰 아들과 대화하면 더 효과적이다. 아들이 실패하면 부모는 마음이 쓰리다. 그렇다고 실패하지 않게 부모가 먼저 해결해버리면 아들에게서 실패를 극복하는 기회를 빼앗는 것이 된다. 아들은 경험을 통해 배운다. 성공도 실패도 경험해보게 해야 한다.

역경 지수를 높이기 위해서는 외부 요인에 흔들리지 않고 해낼 수 있다는 믿음을 갖게 해야 한다. 이것은 자존감과도 밀접하게 관련된다. 자기를 존중할 줄 아는 아들은 어떤 어려움이 닥쳐도 이겨낼 힘이 있다. 부모가 아들의 자존감, 자생력을 어떻게 키워주느냐에 따라 역경 지수가 달라지는 것이다. 물질적으로 풍족하고 결핍 없이 자랄수록 역경 지수가 낮다. 작은 실패에도 좌절하고 포기하게 된다.

아들이 원하는 것을 무조건 들어주기보다 거절의 경험을 갖게 도와야 한다. 거절당하는 것은 누구나 불편하다. 거절이라는 외부 요인에 휘둘리지 않고 감정을 잘 처리하는 것은 역경 지수를 높이는 데 도움이 된다.

부모의 욕심으로 아들에게 무리한 기대를 하기보다 있는 그대로 인정해주자. 아들이 할 수 있는 범위 안에서 도전해보고 조금 더 목표를 높게 가질 수 있도록 천천히 격려해줘야 한다. 가정에서 책임지고 할 일을 맡기면 안전하게 성공과 실패의 경험을 해볼 수 있다. 아들이 도와달라고 요청하기 전에는 먼저 나서서 도와주지 말자. 아들을 믿고 기다려줘야 한다. 결과를 아들이 책임지고 받아들이는 것까지 지켜봐주자. 부모가 실패했던 경험담이나 여러 번 도전해서 성공했던 경험 등을 들려주면 아들에게 도움이 된다.

세상을 살아가게 하는 힘은 다양하다. 그중에서도 역경 지수의 중요성은 높아지고 있다. 이전에는 경험하지 못했던 변화 속에서 예상치 못한 일들을 맞닥뜨려야 하기 때문이다. 역경 지수는 한순간에 생기지 않는다. 어려서부터 꾸준히 실패와 좌절을 극복하는 경험이 쌓여야 한다. 부모는 아들의 역경 지수를 높여주어야 한다.

다양한 시련을 제공하고 극복하는 과정을 지켜보며 좌절을 딛고 일어설 힘을 길러주자. 아들이 좌절을 견뎌낼 수 있다는 것을 믿어주고 극복 방법을 찾아가는 과정을 지지해주자. 역경 지수를 높이기 위해서는 자신이 처한 상황에 대한 명확한 인식과 판단, 맞서고자 하는 의지가 있어야 한다. 근거 없는 배짱과는 다르다.

① 아들의 역경은 스스로 해결하게 지켜봐 주세요

아들은 아들의 세상을 살아가야 해요. 부모가 대신 살아줄 수는 없으니까요. 아들이 세상을 살아갈 수 있도록 아들이 만난 역경은 스스로 해결하게 해주세요. 지켜봐 주면 돼요. 단, 아들이 역경을 헤쳐나가는 과정에 너무 집중해 부정적인 생각에 휩쓸리지 않게 해야 해요. 격려하고 지지해주면서 역경을 헤쳐나갈 긍정적인 마음을 유지할 수 있게 도와주세요.

② 아들이 극복할 수 있는 적절한 시련을 주세요

역경 지수를 높이기 위해서는 가정에서의 꾸준한 교육이 중요해요. 특히 아들이 성공과 실패의 경험을 해볼 기회를 주는 게 중요해요. 사자는 절벽에서 새끼를 떨어뜨려 살아남은 새끼만 키운다는 말이 있죠. 그러나 실제로 사자가 사는 초원에는 절벽이 거의 없다고 해요. 실제로 일어나는 일이 아니라는 거죠. 자식을 엄하게 키우고 좌절에서 일어나도록 가르쳐야 한다는 비유의 표현인 거죠. 아들을 바르게 키우려면 가정에서 역경과 시련을 만들어주세요.

③ 할 수 있는 일과 없는 일에 대해 알려주세요

아들이 할 수 있는 일과 할 수 없는 일, 해서는 안 되는 일에 대해 자세히 알려주세요. 아들의 기를 살려주기 위해 무조건 허용하다 보면 '한계'를 모르는 버릇없는 아이로 자랍니다.

④ 사람과의 '관계'에 대해 알려주세요

사람과의 관계에서 상처받고 좌절감을 겪는 경우도 많습니다. 아들에게 사람들과 관계 맺는 방법, 대화하는 방법, 예절 등을 알려주세요. 세상과 교류하는 법을 알게 되면 아들은 고난을 헤쳐나갈 힘을 얻을 수 있습니다.

회복 탄력성,
다시 일어서는 힘

사회복지 현장에서 만나는 많은 분은 인생의 시련과 고난의 시기를 지나는 중이다. 사회복지사들이 어려움을 겪고 있는 분들과 함께하며 중요하게 생각하는 것은 스스로 일어서는 힘이다. 당장의 어려움을 해결하기 위한 도움을 주기보다 일어설 힘을 같이 찾는 것이다. 어떤 분들은 사회복지사가 많은 도움을 주지 않았음에도 제자리를 금방 찾는다. 어떤 분들은 몇 년 동안 도와도 그 자리를 맴돈다. 예상치 못했던 역경에 고꾸라졌지만, 다시 일어서기 위해 내는 힘의 차이다. 실제 사회복지 현장에서 만났던 두 사례를 살펴보자.

사례 ①

유식이는 초등학교 때 부모님이 이혼했다. 엄마와 함께 살게 됐지만, 생활이 평탄치 않았다. 엄마는 유식이를 창고 같은 곳에서 혼자 지내게 하고 잘 돌보지 않았다. 결국 소식을 듣고 찾아간 아빠와 같이 살게 됐다. 하지만 아빠도 경제적으로 넉넉하지 않아 밤낮으로 일했다.

유식이는 여전히 혼자 있는 시간이 많았고 학교에서도 잘 적응하지 못했다. 요리에 관심이 있던 유식이는 요리 동아리 활동을 시작했다. 아빠가 요리를 반대해서 진로를 정하는 데 꽤 고생했다. 그런데도 유식이는 아빠를 설득했다. 자격증 시험에도 몇 번 떨어지며 위기가 있었지만, 호텔조리학과에 진학해 열심히 꿈을 향해 나아가고 있다.

사례 ②

지철이는 아빠와 동생, 조카들과 살고 있다. 경제적으로 형편이 넉넉지 않아 고등학교를 졸업하고 바로 취업했다. 집에서 가장의 역할을 해야 한다는 생각을 갖고 열심히 일했다. 지철이의 노력으로 경제적 상황도 조금씩 나아졌다. 그러던 어느 날 지철이가 다쳤고 상처가 아물지 않아 다니던 회사를 그만두게 되었다. 그 이후 어렵게 다시 취업한 회사에서는 적응하지 못해 그만두었다. 그렇게 몇 번의 실패가 반복되자 지철이는 취업하지 않은 채 집에서 지내고 있다.

두 아들은 시련의 시기를 지나고 있었다. 각자의 방식으로 극복해내기 위해 애썼고, 나름의 결과를 만들어냈다. 한 아이는 아빠가 진로를 반대했고, 자격증 시험에 여러 번 떨어졌음에도 포기하지 않고 결국 대학에 진학했다. 한 아이는 평탄하게 취업했지만 몇 번의 시련을 겪으며 포기하고 주저앉았다. 다른 점이 무엇일까? 바로 회복 탄력성이다. 마주한 시련을 극복하고 회복해 제자리로 돌아오는 힘에 차이가 있었다. 유식이에 비해 지철이는 여러 도움을 받았다. 그러나 회복 탄력성이 낮다 보니 역경에 부딪혔을 때 쉽게 주저앉았다. 아직 두 아들의 삶은 진행 중이지만 나아가는 속도에는 차이가 나기 시작했다.

일으켜 세울 게 아니라, 일어설 힘을 길러주자

회복 탄력성Resilience이란 시련을 경험했을 때 불행이나 충격으로부터 회복해 제자리로 돌아오는 힘을 말한다. 즉 시련이나 어려움을 극복해 내는 긍정적 힘인 셈이다. 회복 탄력성은 하와이 군도의 카우아이섬 종단 연구를 통해 제시된 개념이다. 가난과 질병, 범죄가 난무하는 카우아이섬에서도 가장 열악한 환경에서 성장한 아이들을 추적 조사했다. 이들이 실패한 인생을 살 것이라는 예상과 달리 200명 중 30%의 아이들은 고통과 시련을 극복하고 성공적인 삶을 살았다. 이들의 공통점은 주변에 무조건 이해해주는 어른이 한 명이라도 있었다는 것이다. 자기를 믿어주는 존재가 어려운 상황에서도 다시 일어날 힘이 되어준 것이다. 또한 이들은 회복 탄력성이 높았다.

회복 탄력성은 시련이나 좌절에서 회복하는 힘이다. 서울대학교 문용린 명예교수는 회복 탄력성을 '오뚝이'에 비유했다. 쓰러져도 다시 일어서는 오뚝이처럼 역경을 딛고 일어서는 힘이기 때문이다. 회복 탄력성을 키워주는 것은 교육적으로도 효과가 높다. 교육심리학 분야의 연구 결과에 따르면 회복 탄력성이 높으면 학업 성적도 높은 경향이 있다. 결과에 얽매이지 않고 자신의 실수를 돌아보고 보완하며 다시 나아가기 때문이다. 삶에는 평탄한 길만 있는 게 아니다. 산을 넘어야 할 때도 있고 진흙투성이 길을 지나야 할 때도 있다. 시련과 역경은 삶을 살아가며 누구도 피할 수 없으니 극복하는 힘이 중요하다.

우리나라에서는 연세대학교 언론홍보영상학부 김주환 교수가 회복 탄력성 개념을 처음으로 제시했다. 김주환 교수에 따르면, 회복 탄력성은 아홉 가지로 구성된다. 크게 자기 조절 능력, 대인관계 능력, 긍정성으로 구분할 수 있다. 자기 조절 능력에는 부정적 감정을 통제하고 긍정적 감정을 불러오는 감정 조절력, 충동적 반응을 조절하는 충동 통제력이 있다. 객관적이고 정확하게 상황을 파악하고 대처법을 찾는 원인 분석력도 포함된다. 대인관계 능력에는 소통·공감 능력과 타인과의 관계 속에서 자신을 이해하는 능력인 자아 확장력이 해당된다. 긍정성은 긍정적이고 희망적인 자세로 현실을 극복해나가는 자아 낙관성, 생활 만족도, 감사하기가 해당된다.

유대인 부모들은 자녀들에게 당당하고 명확하게 의견을 말하도록 교육한다. 말하기 위해서는 생각과 선택을 해야 하고 생각은 경험에서 나온다. 아들의 실패 경험은 책임지는 태도를 길러준다. 이때 중요한 것은 시련을 극복하고 해결할 수 있다고 생각하게 하는 것이다. 자기 조절력을 키우는 것이다. 아들이 시련을 이겨내기 위해서는 응원해주는 사람이 필요하다. 부모든, 형제든, 친구든, 이웃이든 누군가는 온전한 아들의 편이 되어야 한다.

대인관계 능력은 알아서 발달하지 않는다. 어려서부터 교육과 연습을 시켜야 한다. 시련과 고난은 삶의 모든 영역에 존재하기 때문에 회복 탄력성은 늘 경쟁의 삶을 사는 아들에게 꼭 필요하다.

마음의 회복력을 높여야 한다

회복 탄력성을 키우려면 돌발 상황에 대처하는 방법을 가르쳐야 한다. 예상치 못한 상황에 당황하지 않고 대응할 수 있도록 가르치는 것이다. 아들에게 언제든 돌발 상황이 일어날 수 있음을 알려줘야 한다. 돌발 상황은 누구나 이겨낼 수 있다고 가르쳐라. 의연하게 상황을 마주해야 문제 해결이 쉽다는 것을 가르쳐야 한다. 갑작스러운 상황에 직면하면 어른들도 침착하게 대응하기 어렵다. 아들이 돌발 상황에 대처할 수 있게 준비시켜야 자기를 보호할 수 있다. 생활 속에서 생길 수 있는 위기 상황에 대처하는 방법을 알려주고 경험시키자. 경험이 쌓이면 실제 상황에서 침착함을 발휘하고 회복 탄력성도 높아진다.

아들은 딸보다 실수가 잦다. 자주 잊고 자주 틀리고 자주 놓친다. 아들이 실수했을 때 탓하거나 혼내지 말자. 불필요한 죄책감이나 자기 비하에 빠질 수 있다. 아들이 부정적 반응을 보이면 먼저 공감해주자. 일상적인 실망까지 나서서 다뤄줄 필요는 없다. 당장은 기분이 안 좋아도 시간이 지나면 견딜 만해지고 괜찮아진다는 것을 알게 된다. 그 후에 문제 해결 방법을 찾을 수 있도록 격려해주자. 스스로 문제를 해결하도록 하면서 행동의 한계를 정해주면 된다. 도움을 요청하면 함께 방법을 찾는 것도 도움이 된다. 실수에 머물러 있지 않고 일어설 수 있도록 하는 것이 핵심이다. 새로운 관점으로 생각하고, 해결 방법을 찾아보게 도와주면 통찰력이 자라고 정서 지능이 높아진다.

심리학자 에미 워너Emmy Werner 교수는 회복 탄력성을 높이려면 "뇌의 긍정성을 높여줘야 한다"라고 했다. 뇌의 긍정성은 '감사하기', '운동하기'를 통해 높일 수 있다. 일상에서 감사와 운동을 생활화해야 한다. 작은 일에도 감사를 표현하게 하고 일부러 감사한 일을 찾게 하자. 하나 정도의 운동은 꾸준히 시켜야 한다. 땀을 흘리고 몸을 움직이면 뇌도 건강해진다. 아들의 유머 감각은 뇌의 긍정성을 높이는 또 하나의 요소다. 건강한 유머는 아들을 돕는 힘이다. 미국의 비평가 루이스 멈포드Lewis Mumford는 "유머는 삶의 부조리를 비웃으며 우리를 보호하는 수단이다"라고 했다. 세상을 살아가며 부딪히는 놀라운 일들을 대범하게 웃어넘길 수 있게 하는 힘이 유머다.

삶에서 겪는 시련의 많은 부분은 사람에서 시작된다. 갈등이 생기면 부정적인 시선을 받을 때도 있다. 회복 탄력성이 낮으면 그 시선을 사실로 받아들이며 자존감이 낮아진다. 부모는 아들이 관점을 전환하도록 도와야 한다. 우선 자신에 대한 부정적인 시선을 받아들이게 해야 한다. "다른 사람은 그렇게 생각할 수도 있겠구나"라고 사실을 인정해주자. 그리고 "너는 어떻게 생각하니?"라고 아들의 생각을 묻자. 아들의 대답에 따라 대응이 달라지겠지만 결론은 하나여야 한다. 다른 관점으로 전환시키는 것이다. 자신의 이미지를 부정적으로 내재화하지 않게 돕는 것이다. 그래야 회복 탄력성이 높아진다.

아들은 앞으로 예측하기 어려운 다양한 변화에 직접 맞서야 하는 시대를 살아가야 한다. 아들은 많은 시련과 실패, 좌절을 경험하게 될 것이다. 부모는 아들이 변화에 맞설 수 있도록 회복 탄력성을 길러줘야 한다. 회복 탄력성이 높으면 마음의 힘이 강하다. 마음의 힘이 강한 아들은 주변인의 시선에 휘둘리지 않는다. 실패해도 다시 일어서려고 적극적으로 노력한다. 시련을 기회로 삼아 새로운 도전을 하고 발전한다. 내 아들은 어떠한가? 시련이 닥쳤을 때 쉽게 포기하고 좌절하는가? 긍정적으로 받아들이고 이겨낼 방법을 찾는가? 좌절을 대하는 태도는 어떠한가? 아들을 잘 관찰하고 어떻게 회복 탄력성을 키워줄 것인지 맞춤 전략을 생각해야 한다.

🐾TIP 회복 탄력성이 높은 아이의 정서적 특징
(디디에 플뢰, 《아이의 회복탄력성》 참조)

① 어른의 행동을 따라 하지 않는다. 어른처럼 행동하려고 하지 않고 자기가 해야 할 일을 한다.
② 감정을 솔직하게 표현한다. 소리를 지르거나 화를 내는 대신 "기분이 안 좋아", "화났어"처럼 감정을 표현할 줄 안다.
③ 자신을 사랑한다. 자신을 긍정적으로 표현한다.
④ 평범한 일상에서 행복을 느끼고 소소한 기쁨을 발견한다.
⑤ 과감하게 도전하고 실패를 두려워하지 않는다. 무슨 일이든 주도적으로 실행하며 자신감이 넘친다.
⑥ 다른 사람의 행동을 무조건 따라 하지 않고 주도적 역할을 한다.

아들이 어떤 정서적 특징을 보이는지 언급한 사항을 참조해 관찰해보세요. 먼저 아들의 정서적 상황에 대해 알아야 어디부터 시작할지 판단할 수 있어요. 좋아 보이는 것을 모두 적용해볼 수는 없습니다. 아들 입장에서 필요한 것인지, 지금이 적절한 시기인지 고려하세요. 부모의 필요가 아닌, 아들의 입장이 우선되어야 함을 잊지 말아야 합니다.

09

도덕성,
거짓말하지 않는 아들로 키우기

사람은 누구나 거짓말을 한다. 아들도 마찬가지다. '정직'을 매우 중요하게 생각하는 나 같은 엄마는 아들의 거짓말을 견디기가 힘들다. 어릴 때 내가 아무리 혼날 짓을 해도 아빠는 나를 단 한 번도 때리지 않았다. 요즘은 큰일 날 일이지만 당시에는 훈육하며 매를 드는 건 일상적이었다. 그러다 딱 한 번 맞은 일이 있었다. 거짓말을 해서였다. 언제나 내 편일 것만 같던 아빠에게 한 대 맞은 것은 매우 큰 충격이었고 나는 거짓말을 나쁘게 생각하게 됐다. 물론 거짓말을 아예 하지 않은 건 아니다. 하지만 거짓말을 할 때면 엄청난 양심의 가책을 느꼈다. 어릴 적 경험은 나의 도덕 기준에 영향을 미쳤다. '거짓말'을 매우 나쁜 것으로 인식하게 된 것이다.

준호를 키우면서도 유독 '거짓말'에 예민했다. 거짓말을 하는 준호를 보면 '큰일이다. 아직 어린데 벌써 거짓말을 하다니…'라는 생각이 들었다. 마음먹고 하는 거짓말이 아닌데도 받아들이기가 힘들었다. 아직 어리니까 잘 모르고 하는 행동이라고 생각하다가도 '저렇게 커서 사기꾼이라도 되면 어쩌지…'라는 불안감에 휩싸이기도 했다. 그렇게 아주 작은 거짓말도 용납하지 못하는 엄마가 됐다. 바꿔 말하면 아들에게 너무 높은 도덕적 기준을 들이민 것이다.

더 유연하게 아들의 거짓말에 대처했다면 준호가 조금은 더 편하지 않았을까? 부모는 아들의 도덕성 정립을 돕기 위해 거짓말에 대해 알고 대처해야 한다.

천사 같은 아들의 거짓말, 왜일까?

아들이 거짓말을 하는 이유는 무엇일까? 가장 큰 이유는 부모에게 혼나는 것이 무서워서이다. 내면 깊은 곳에는 부모를 실망시키고 싶지 않은 마음과 사랑받지 못할까 봐 두려운 마음이 존재한다. 부모가 평소 사소한 거짓말을 자주 한다면 아들은 거짓말을 정상적이라고 받아들인다. 사소한 거짓말을 시작으로 아들의 거짓말은 점점 커지게 된다. 자기가 원하는 것을 이루기 위해서도 거짓말을 한다.

그렇다면 거짓말은 나쁜 것일까? 발달 심리학자 캉리는 아이들의 거짓말은 자연스러운 성장 과정 중 하나라고 했다. 오히려 거짓말을 타인의 마음을 읽고 자신의 언행과 감정을 조절할 수 있게 된 신호라고 했다.

거짓말을 하려면 상대방의 마음과 의중을 읽을 수 있어야 한다. 거짓말에 필요한 타인의 마음을 읽는 능력은 공감 능력이다. 거짓말을 잘하는 아이들은 공감 능력이 뛰어난 것이다. 이는 축하할 일이기도

하다. 하지만 거짓말이 나쁘게 쓰이지 않도록 부모가 길잡이를 해야 한다. 《아들이 사는 세상》의 저자 로잘린드 와이즈먼 Rosalind Weiseman은 위기를 모면했을 때 느끼는 안도감은 정직하게 말했을 때 느끼는 만족감보다 크다고 했다. 부모는 아들이 거짓말에 대해 정확히 인식할 수 있게 해야 한다. 거짓말이 무엇인지, 거짓말을 했을 때 나타날 수 있는 결과는 무엇인지, 어떤 책임을 져야 하는지 등을 알려줘야 한다. 진실을 밝히고 책임을 지는 행동이 얼마나 용기 있고 멋진 일인지 가르쳐야 한다.

아들은 스스로 문제를 해결할 수 있다고 믿기 때문에 부모에게 거짓말을 한다. 자신의 독립성을 주장하고 싶기 때문이기도 하다. 또 다른 이유는 문제를 만들고 싶지 않아서이다. 부모와 문제를 공유하고 해결해본 경험이 많지 않은 아들은 문제를 감춘다. 당장 문제를 감추고 지나가면 어떻게든 해결이 되리라 생각한다. 나중에 어떻게 되더라도 지금은 조용히 지나가고 싶은 것이다.

거짓말한다고 아들을 혼내기 전에 부모의 기대가 높은 건 아닌지 생각해봐야 한다. 아들은 독립된 인격체이기 때문에 부모와 생각이 다를 수 있다. 아들의 독립성을 인정해주고 함께 문제를 해결해가는 경험이 쌓이면 아들의 거짓말은 줄어든다.

천사 같은 아들이 하는 말은 모두 진실 같지만, 실상은 그렇지 않다. 우리 아들은 거짓말을 하지 않는다는 생각은 부모의 환상일 뿐이다. 아들이 사회 활동을 시작하면 주의해야 한다. 자기 시각으로 해석하고 일부의 이야기만 듣고 와서 전하는 말을 모두 믿는 것은 위험하다. 아이들은 자기중심적이어서 자기에게 유리한 이야기만 전하기 쉽기 때문이다. 아들을 신뢰하는 것과는 다른 문제다. 전체적인 상황과 다른 사람들의 이야기도 들어보고 종합적으로 판단해야 한다. 어떤 문제가 생겼다면 꼭 여러 정보를 수집하자. 그렇다고 아들의 거짓말을 너무 걱정할 필요는 없다. 자연스러운 과정이다.

준호가 초등학교 2학년 때 일이다. 소풍 다음 날 담임 선생님에게 연락이 왔다. 준호가 갑자기 다른 아이의 정강이를 걷어차서 그 애가 멍이 심하게 들었다는 것이다.

준호에게 상황을 물어봤는데 선생님의 설명과 조금 달랐다. 줄을 서 있는데 그 아이와 다른 아이가 새치기했고 준호가 새치기하지 말라고 했다. 그랬더니 그 아이들이 물티슈로 준호의 머리를 때렸고 준호도 다리를 찼다고 했다. 소풍에 같이 갔던 다른 아이에게도 상황에 관해 물어봤다. 준호와 같은 이야기를 했다. 준호에게 맞았다는 아이의 엄마에게 연락했다. 일단 아이가 다친 것에 대해 사과하고 준호에게 들은 이야기를 전했다. 하지만 그 엄마는 자기 아들은 새치기하거나 남을 먼저 때리는 아이가 아니라며 화를 냈다. 더 이상 이야기가 되지 않아 담임 선생님에게 상황을 전했다. 선생님은 아이들을 불러 확인했고 결국 준호의 말이 맞는 것으로 연락을 받았다.

아이들은 선생님의 중재하에 서로 화해했다. 하지만 그 아이 엄마에게서는 사과받지 못했다. 그 엄마는 자기 아들이 거짓말을 할 수도 있다는 것을 전혀 생각지 못했던 것이다. 착하기만 한 내 아들의 거짓말, 이제는 인정해야 한다. 그래야 아들을 더 잘 키울 수 있다.

거짓말보다 마음을 먼저 살펴라

아들의 거짓말을 접하는 순간 도덕성에 문제가 있는 건 아닌지 걱정부터 된다. 하지만 아들이 하는 거짓말은 보통 혼날까 봐 두려워서 하는 것이다. 너무 걱정하지 말고 아들을 먼저 안정시키자. 아들이 안정되면 그 뒤에 훈육해도 된다. 아들의 거짓말을 예방하려면 부모가 먼저 거짓말을 하지 말아야 한다. 아들은 부모의 행동을 따라 하기 때문이다. 아들이 어떤 요구를 할 때는 이유를 설명하게 하라. 이유가 합당하다면 들어주고 그렇지 않다면 거절하라. 거절할 때는 이유를 충분히 설명해야 한다. 이런 과정을 거치면 아들은 욕구가 생겨도 정당하게 요구할 수 있기 때문에 거짓말을 하지 않게 된다.

아들이 거짓말을 시작했다면 부모의 태도를 먼저 돌아보자. 부모가 과하게 반응하면 더 숨기려고 한다. 부모의 생각을 강요해도 아들은 거짓말을 한다. 그래야 상황이 빨리 종료되고 덜 혼나기 때문이다. 다른 사람에게는 너그러우면서 내 아들에게만 단호한 것은 아닌지 생각해보자. 어떤 상황이든 내 아들의 마음을 먼저 알아주어야 한다. "엄마한테 혼날까 봐 무서웠어?", "누구나 실수를 할 수 있어"라고 마음을 먼저 공감해주자. 부모는 아들의 죄를 심판하는 판사가 아니다. 왜 거짓말을 하게 됐는지, 어떤 일이 있었는지를 먼저 살펴야 한다. 진실을 이야기하면 잘못을 혼내기보다 진실을 얘기한 용기를 격려해주자.

거짓말을 예방하려면 아들 스스로 판단할 수 있어야 한다. 도덕성을 키울 수 있는 책을 읽어주거나 주변의 일을 예로 들어주며 교육하면 된다. 약속을 어기면 사과하고 책임지게 하라. 약속을 어김으로써 믿음을 저버린 것에 대해 사과하는 일은 신뢰의 중요성을 알게 한다. 부모가 일관성 있는 태도를 유지하는 것도 중요하다. 일관성이란 부부 사이에 원칙을 공유해 일관성을 유지하는 것, 원칙이 바뀌지 않는 것을 말한다. 도덕성이 제대로 자리 잡으면 거짓말도 걱정할 필요가 없다. 해도 되는 일, 안 되는 일을 스스로 판단할 수 있게 되면 바른 인성의 소유자가 된다.

거짓말은 나쁘고, 거짓말을 하면 나쁜 사람이라고 가르치는 것은 효과가 없다. 오히려 정직하게, 신뢰를 지키며 사는 삶의 중요성과 보람을 가르치는 것이 효과적이다. 누구나 거짓말을 하지만, 정직한 삶을 택하는 것이 더 용기 있는 행동임을 가르치자. 아들에게 "언제든 하고 싶은 말이 있으면 솔직하게 말해. 엄마는 언제나 너를 도울 준비가 되어 있어"라고 말해주자. 아들은 안심이 되면 마음이 안정되고 솔직해진다. 불안하거나 두려우면 입을 닫지만, 편안하면 수다쟁이가 된다. 아들에게 가르쳐야 할 것은 거짓말을 하지 않는 게 아니다. 거짓말을 하더라도 다시 정직함을 선택할 수 있는 마음의 힘을 길러줘야 한다.

거짓말은 다른 사람의 마음을 읽어내는 공감 능력이 바탕이 된다. 아들의 거짓말은 나쁜 의도로만 이뤄져 있지 않다. 혼날까 봐, 상황을 벗어나고 싶어서, 부모의 생각 강요 등 이유는 다양하다. 거짓말을 해서라도 상황을 벗어나고 싶다고 생각할 만큼 몰아붙이면 안 된다. 부모의 태도에 따라 아들의 거짓말 횟수가 달라진다. 아들이 원하는 바를 자유롭게 표현할 수 있게 하면 거짓말은 줄어든다. 부모는 아들이 거짓말을 하면 마음을 살펴 이유를 찾아야 한다. 아들은 옳고 바른 일을 선택하고자 한다고 믿자. 부모가 믿어주는 만큼 아들은 행동한다. 대화를 통해 해결해가는 연습을 하면 아들은 솔직하게 말하는 것이 쉬워질 것이다.

⚡TIP 아들의 거짓말, 이렇게 예방할 수 있어요

① 아들과 관계를 친밀하게 만드세요

아이들이 거짓말을 하는 가장 큰 이유는 '부모를 실망시키고 싶지 않아서'예요. 바꿔 말하면 부모와의 관계를 망치고 싶지 않은 거죠. 아들이 부모에게 솔직하게 말할 수 있는 환경을 만들어준다면 거짓말이 줄어들 거예요. 그러기 위해서는 아들과의 관계가 친밀해져야 해요.

② 아들을 수용하고 존중해주세요

아들이 어떤 생각을 하든 부모에게 자유롭게 말할 수 있으면 거짓말을 할 필요가 없어요. 비난받거나 거절당할 거라는 불안감에 거짓말하는 경우가 대다수이거든요. 평소에 아들의 감정, 생각, 행동을 수용해주고 존중해주세요.

③ 어려서부터 도덕성을 키워주세요

부모가 먼저 약속을 지키고 신뢰를 저버리지 않는 행동을 보여주세요. 일상에서 올바른 도덕 기준을 배우게 됩니다. 도덕성과 관련된 책을 읽어주는 것도 좋아요. 어려서부터 도덕성에 대해 배우면 바른 인성의 소유자로 자라고 거짓말을 멀리하게 돼요.

유머, 인사, 감사의
생활화

　세상은 혼자 살아갈 수 없다. 여러 사람과 어울려 살아가야 한다. 주변 사람에게 관심을 두고 관계 맺을 줄 알아야 한다. 그런데 아들은 특히 타인보다는 자신에게 더 관심이 있다. 그러다 보면 베풀 줄 모르고, 다른 사람의 어려움에는 관심이 없는 사람이 될 수 있다. 누군가 아프면 걱정해주고 맛있는 음식은 이웃과 나누며 어울려 사는 법을 알려줘야 한다.

　관계에서 중요한 것은 예의이다. 일상에서 예의가 무엇인지 가르치고 보여줘야 한다. 엘리베이터에서 이웃을 만나면 인사하고 실수한 게 있으면 사과하고 감사를 표현하게 가르쳐야 한다. 소통에 능숙하지 않은 아들에게는 유머 감각을 키워주는 것도 필요하다.

즐겁게 사는 힘, 유머 감각

　한국초등과학교육학회에서는 유머 감각이 창의적 동기, 태도, 능력으로 구성된 창의성과 밀접한 관련이 있다는 연구 결과를 발표했다. 또한 영국 세인트 토머스 병원의 팀 스펙터Tim Spector 박사팀은 유머 감각이 유전보다 환경에 더 큰 영향을 받는다고 밝혔다. 아들의 유머 감각은 창의성을 발달시키는 데 도움이 된다. 창의성은 미래 시대를 살아가려면 필수적인 역량이다. 그러나 많은 부모가 아들의 유머를 실없는 행동으로 생각해 제지한다. 아들이 웃긴 말과 행동을 하는 것은 현재를 즐기고 있다는 증거다. 실없고 진지하지 못한 게 아니라 자기 삶을 즐겁게 만들려는 시도이다.

아들의 유머 감각을 키워주기 위해서는 교양을 넓히고 자신감을 키워줘야 한다. 상상력을 키울 기회를 주고 과장해서 말하더라도 제지하지 말자. 재미있는 유머를 기억하게 하는 것도 좋은 방법이다.

아들은 부모와도 농담을 주고받고 싶어 한다. 부모가 과장해서 이야기를 웃기게 들려주면 아들은 부모의 유머 감각에 반할 것이다. 유머는 아들과 부모의 관계성 강화에도 도움이 된다. 특히 유아기에는 의사소통 능력을 발달시키는 것이 주요 과업이다. 농담과 재미있는 대화는 의사소통 향상에 매우 도움이 된다. 어려서부터 유머를 배워야 감각이 생긴다.

요즘은 유머 감각이 매력의 척도가 된다. 유머 감각이 있으면 다른 사람과 친근한 관계를 형성하기 쉽다. 웃음은 긴장을 풀어주고 거리감을 좁혀주기 때문이다. 유머는 공감의 기폭제여서 소통을 쉽게 해준다. 유머를 잘하려면 웃기고자 하는 의지와 용기가 필요하다. 웃기려면 스스로가 망가지기도 하기 때문이다.

아들의 유머 감각을 키워주려면 잡담 능력을 먼저 키워주자. 잡담은 소통을 시작하게 해주는 마중물과 같다. 쓸데없이 하는 말이라고 해서 아무나 할 수 있는 건 아니다. 정서적으로 안정되어 있고 인간관계의 경험이 많아야 잡담도 편하게 할 수 있다. 잡담을 잘하면 타인에게 신뢰를 줄 수 있다. 어색함을 없애고 분위기를 편안하게 풀어주며 거리를 좁혀주는 효과가 있기 때문이다.

3분밖에 안 걸리는 용건을 얘기하기 위해 30분의 잡담을 해야 할 수도 있다. 잡담 시간을 잘 활용하면 좋은 성과로 이어지지만, 활용하지 못하면 실패할 수도 있다. 잡담을 잘하면 부담 없고 얘기하고 싶은 상대로 느껴지기 때문이다. 잡담 소재는 일상에서 찾으면 된다. 오늘의 날씨, 입고 있는 옷, 최근 뉴스, 유행, 취미 등이 잡담의 시작이다. 자신과 주변인의 근황도 활용할 수 있다.

아들과 잡담을 많이 하자. 유머는 센스가 있어야 한다. 부모와 잡담과 농담을 많이 나누며 교감하면 센스가 생긴다. 유머 감각이 있는 아들은 밝고 긍정적인 성격 특성을 보인다.

준호가 초등학교에 입학하면서 걱정거리가 생겼다. 우스꽝스러운 표정을 짓거나 웃긴 얘기를 즐겨 하는 행동 때문이다. 준호는 자기의 말과 행동으로 친구들이나 선생님이 웃으면 매우 즐거워했다. 반응이 좋을수록 자극적인 소재를 찾고 더 과감해졌다. 나는 수업 시간에 얌전히 앉아서 선생님이 가르쳐주시는 것을 열심히 필기하고 집중하는 아들의 모습을 기대했다. 하지만 내 아들은 수업 시간에 똥 얘기를 하고 좀비를 봤다며 웃긴 표정을 열심히 지어대고 있었다. 수업 시간에 방해가 될까 봐 늘 조심시키고 제발 하지 말라고 당부했다. 그렇게 조마조마하던 시간이 흘러 담임 선생님과의 학부모 상담 날이 찾아왔다.

"선생님, 준호가 수업에 방해되는 행동을 하지는 않나요?"

"특별히 방해되는 행동을 하지는 않아요. 다른 아이들을 웃기는 걸 무척 좋아하더라고요. 그래서 수업 시간에 웃긴 말이나 행동을 자주 하기는 해요. 과할 때는 방해가 되기도 하지만 그건 제가 조절하고 있어요."

"안 그래도 어릴 때부터 그런 걸 좋아해서 걱정이 많이 되었어요."

"너무 걱정하시지 않아도 돼요. 수업 분위기가 좋아지는 효과도 있거든요. 준호는 유머 감각이 좋은 아이예요."

담임 선생님과의 상담 후에 더 이상 준호에게 웃기는 행동을 그만하라는 말을 하지 않았다. 5학년이 된 준호는 여전히 친구들을 웃기는 걸 좋아한다. 하지만 자기 통제력이 생겨서 상황에 맞지 않는 행동을 하지는 않는다. 준호는 재치 있고 유머 감각을 지닌 아이로 잘 자라고 있다.

마음의 힘은 예의와 감사에서 생긴다

감사는 긍정적 관점을 심어주고 마음의 여유를 갖게 한다. 감사할 줄 알면 부모, 사회, 자연의 희생에 대해 알게 된다. 그러면 자연스레 이기심보다 이타심이 커진다. 타인을 존중할 줄 알게 되고 소통 능력도 향상된다. 분노, 좌절 등의 부정적인 감정을 표현하는 것도 중요하지만 감사를 표현할 줄 알아야 한다. 감사를 표현하면 삶에 대한 만족도가 높아진다. 부정적 감정의 처리도 쉬워진다. 감사가 생활화되면 분노하는 일도 줄어든다. 감사를 표현하는 것은 생각보다 쉽지 않다. 평상시에 자주 연습해야 감사 내용을 찾기도 쉽고 표현할 때도 쑥스럽지 않다.

아들에게 감사를 표현하는 방법을 알려주자. 먼저 관찰한 대로 표현하게 하자. 매우 구체적으로 관찰한 바를 그림 그리듯 표현하면 듣는 사람도 수긍한다. 두 번째는 상대방이 자신에게 미친 영향력을 표현하는 것이다. 상대의 행동이 어떤 의미가 있고 영향을 미쳤는지 설명하고 감사를 전하면 효과가 배가 된다. 부모가 먼저 감사를 표현하는 모습을 보이면 아들도 감사가 생활화된다. 아들과 주변 사람에게 사소한 것이라도 감사하고 표현하는 모습을 자주 보이자.

아들이 감사받을 기회를 만들어주는 것도 좋다. 준호는 열한 살 생일 선물로 받은 용돈 중 일부를 후원했다. 용돈을 후원하자고 제안했을 때 준호는 거절했다. 자기 생일 선물인데 왜 후원을 해야 하냐며 도무지 이해하지 못했다. 차근히 후원의 의미를 설명했고, 우리가 사는 마을에 도움이 필요한 이웃을 돕는 것은 꼭 필요한 일이라고 설득했다. 결국 준호는 어쩔 수 없이 후원했다. 후원금을 전달하는 날 사회복지사들이 손뼉을 쳐주고 환호하며 감사를 전했다. 그 뒤 복지관 소식지, 소셜미디어 등에 소식이 실렸고, 이를 본 준호는 "다음에 한 번 더 해볼까?"라고 말했다.

감사를 받아본 경험은 감사가 갖는 의미를 알게 했고 나눔의 확장으로 이어졌다. 아들에게 감사를 표현해보자. 아들에게 고마움을 전할 일이 있으면 즉시, 구체적으로 표현해야 한다. 부모이기 때문에 더 아들에게 감사의 표현을 많이 해야 한다. 아들이 오늘 한 행동의 잘잘못을 따지기보다 아들의 존재 자체에 대한 감사를 전하자. 그리고 타인에게 감사받을 기회를 만들어주자.

감사의 맛을 알게 되면 아들은 이타적 행동을 늘려나갈 것이다. 감사를 표현할 줄 아는 사람은 감사의 말도 그만큼 듣게 된다. 이는 아들의 자존감 향상에도 도움이 된다.

아들은 타인보다 자신을 먼저 생각하는 경향이 있다. 물질이 풍요로운 시대에서 자란 아들은 자신이 누리는 것을 당연하게 생각한다. 하지만 당연한 것은 없다. 누군가의 노력과 희생으로 누릴 수 있다는 것을 아들에게 가르쳐야 한다.

소풍 가는 날 하늘이 맑음에 감사하고 소풍을 잘 이끌어주신 선생님께 예의를 갖춰 감사를 표현할 줄 알아야 한다. 감사와 예의를 일상에서 가르치면 아들은 매너 있는 멋진 남성으로 자랄 것이다. 작은 풍파에 흔들리지 않는 단단한 마음을 갖게 될 것이다. 아들이 어려움에 부닥쳤을 때 언제라도 도와줄 좋은 사람들이 함께할 것이다. 그게 부모가 줄 수 있는 선물이다.

TIP 유머, 인사, 감사를 생활화하는 법

① 아들과 잡담을 많이 나누세요

잡담은 상상력을 키워줘요. 주제도, 의미도 상관없어요. 아들과 사소한 잡담을 자주 나누세요. 잡담을 나누다 보면 아들의 상상력과 창의력이 자라나고 의사소통 기술도 향상돼요.

② 유행하는 유머, 난센스 퀴즈 등을 알려주세요

아들의 또래들이 이해하고 재미있어 할 만한 유머나 난센스 퀴즈를 알려주세요. 기존 유머를 반복하다 보면 스스로 새로운 것을 창조하기도 해요. 아들의 유머 감각도 키우는 기회가 돼요.

③ 자기 전 감사한 일을 공유하세요

잠자기 전 하루에 하나씩 감사한 일을 나눠보세요. 아주 사소한 것이라도 좋아요. 감사거리를 찾는 게 처음에는 쉽지 않지만 반복하다 보면 작은 일에도 감사하는 사람이 될 거예요. 감사 일기를 쓰는 것도 좋은 방법이에요.

6장

아들을 위한
세상살이
교육법

평생을 좌우하는
생활 습관

아리스토텔레스는 "반복적으로 하는 행위가 자신을 만들어간다. 탁월함이란 습관에 의해 생성되는 것이다"라고 했다. 즉 반복이 중요하다는 것이다. 우리가 하는 행동의 40%는 의사결정에 의한 게 아니라 습관에 의한 것이라고 한다. 더 나은 변화를 위해 좋은 습관을 들여야 한다. 작은 것이라도 반복하면 습관이 되어 좋은 결과를 낸다. 좋은 습관은 경쟁력을 높여준다. 습관은 아들의 인격이 되기도 하고 삶을 바꾸는 기회가 되기도 한다. 안 좋은 습관이 생기면 바꾸는 데 큰 노력이 필요하므로 어려서부터 좋은 습관을 들이도록 노력해야 한다.

좋은 습관은 아들의 삶을 건강하게 한다

아들은 보기와 다르게 정해진 스케줄에 집착한다. 강한 질서감이 있어서 같은 시간에 같은 일을 하고 싶어 한다. 식사 시간, 목욕 시간, 자는 시간이 정해져 있으면 편안하게 느낀다. 정해진 일과의 시간이 바뀌면 불안해한다. 습관 전문가인 찰스 두히그Charles Duhigg는 "동일한 신호와 동일한 보상을 제공하면 반복 행동을 바꿀 수 있고 습관도 바꿀 수 있다"라고 했다. 규칙적인 생활을 하면 아들은 '습관'이 잡힌다. 아들의 질서감을 활용하면 좋은 습관을 만들 수 있다.

세상살이에는 학교에서 배우는 공부 외에 다양한 기술이 필요하다. 세상살이에 꼭 필요한 생활과 밀접한 것들은 습관을 들여야 한다. 사회생활의 기본이 되는 습관들을 어려서부터 가르치자. 기본적으로 개인위생 관리, 식사 예절, 교통 규칙, 질서 지키기, 인사 예절 등의 습관을 들여야 한다. 습관을 들이려면 단순한 것부터 지켜나가도록 해야 한다. 처음부터 고난도의 행동을 요구하면 지레 포기하기 쉽다. 두 번째는 아들의 행동을 지켜보다 꼭 필요한 순간에 개입해야 한다. 스스로 시도하고 습관화할 기회를 주어야 하는 것이다. 세 번째는 부모가 일치된 의견을 가져야 하며 가족 구성원들이 함께 협조해야 한다.

좋은 습관은 아들의 삶을 건강하게 한다. 초등학생이 되면 계획을 세워 생활하게 해보자. 일주일 단위로 해야 할 일을 스스로 계획하게 하는 것이다. 처음에는 어려워하기 때문에 부모가 계획 세우는 법을 알려줘야 한다. 정해져 있는 스케줄을 먼저 표시하고 남는 시간을 계산한다. 학원을 많이 가는 날과 안 가는 날에 따라 할 일의 양을 정한다. 숙제가 있다면 끝내야 하는 날을 정한 뒤에 계획을 세워보게 하는 것이다. 우선순위를 정하는 법을 알려주고 직접 해보게 한다. 하기 싫어서 꾀도 부리고 짜증도 내고 대신 써달라고도 할 것이다. 넘어가면 안 된다. 부모가 하기에 따라 아들의 습관이 달라진다.

좋은 습관은 꽃과 같다. 매일 꽃과 잎의 상태를 살피고 물을 주고 말을 걸어줘야 한다. 조금이라도 소홀히 하면 어느샌가 시들거나 뿌리가 썩어버린다. 아들의 습관도 마찬가지다. 부모가 관심을 두고 노력하면 꽃피지만 조금이라도 무관심하면 시들어버린다. 아들이 성인이 되어서 자신의 몫을 책임 있게 해내려면 습관이 중요하다. 작은 거라도 맡은 일을 끝까지 해내는 습관을 길러줘야 한다. 해야 할 일이 있다면 때를 잘 맞춰 확인해줘야 한다. 반복되는 일은 더 신경 써야 한다. 반복하다 보면 습관이 된다. 아들은 반복되는 일상을 지겨워할 수 있다. 매일 반복되는 일은 발전하는 과정이라는 것을 알려줘야 한다.

아들 인생을 좌우하는 정리정돈 습관

세상살이를 위해 어려서부터 꼭 들여야 하는 습관 중 하나는 정리정돈 습관이다. 자기 주변 정돈이 안 되는 사람은 어떤 일을 해도 부산스럽다. 정리정돈을 잘하면 생각이 넓어지고 창의력이 자란다. 물건을 제자리에 두고 공간을 재배치하며 물건의 용도, 필요성을 고민하는 과정은 아들에게 선택과 판단의 기회를 제공한다. 정리정돈은 공간과 물건의 정리뿐 아니라 자신을 정돈하는 데도 긍정적 영향을 미친다. 몸을 깨끗이 하고 옷을 단정히 입으며 주변 정리도 하게 되는 것이다. 이는 바른 생활 태도로 이어져 학교생활, 또래 관계에도 좋은 영향을 끼친다. 부모와 약속한 대로 정리정돈을 하는 과정에서 아들의 책임감이 자라난다.

선택, 판단, 구성력을 관장하는 전두엽의 기능이 떨어지면 정리정돈 능력도 낮아진다. 딸보다 전두엽의 발달이 늦는 아들은 정리정돈에 약하다. 특히 아들에게 정리정돈을 가르쳐야 하는 이유이다. 아들은 뇌의 혈류량 때문에 무엇인가 지루하다고 느끼면 피로해 한다. 피곤해지는 순간 정리정돈은 물 건너간다. 따라서 아들의 정리정돈 습관이 완전해지기 전까지는 재미있게 느끼게 해야 한다. 부모는 아들의 정리정돈 습관을 들이기 위해 인내심을 가져야 한다. 처음부터 잘할 수 없다. 조금씩 천천히 정리하게 하며 습관을 들여야 한다.

엄마와 둘이 사는 자현이는 학교에 오면 늘 배가 고프다고 했다. 교육복지사는 이상함을 느껴 상담 후 가정 방문을 했다. 자현이네 집은 발 디딜 틈이 없었다. 간신히 누울 자리를 제외하고 온갖 짐과 쓰레기가 쌓여 있었다. 밥솥, 밥그릇도 있지만 쓰레기에 뒤덮여 찾을 수가 없어 밥을 굶기 시작했다. 옷을 세탁해본 경험도 없었다. 자현이는 더러워진 교복을 입고 다녔고, 속옷은 매번 새로 사서 입었다. 입었던 속옷은 집 안 어딘가에 던지면 됐다. 자현이 엄마는 청소를 어떻게 해야 할지 몰라서 살다 보니 이렇게 됐다고 했다. 여러 기관과 논의해 자현이 집을 함께 치웠다. 자현이 엄마는 여전히 소극적이었지만, 자현이는 처음 가져보게 되는 깨끗한 자기 방을 빨리 만나기 위해 청소에 적극 참여했다. 자현이 엄마와 자현이는 정리정돈하는 법을 배운 적이 없어 집 정리를 하지 못했던 것이다. 이후, 자현이 엄마와 자현이는 정리정돈 교육을 함께 받기 시작했다.

살펴본 사례는 실제 우리 주변에서 일어나고 있다. 예전 어떤 TV

프로그램에서 멀쩡하게 사회생활을 하는 20대의 집이 쓰레기장을 방불케 하는 상황인 것을 방영한 적이 있다. 옷은 세탁소에 맡겨 관리하며 직장생활을 하고 있어 누구도 그런 상황을 알지 못했다. 그러나 집은 몸을 누일 곳도 없었다. 이유를 묻자 "어려서부터 집안일을 해본 적이 없고 독립했는데 어떻게 정리해야 할지 몰라서 그냥 두다 보니 쓰레기가 쌓였다"라고 말했다. 정리정돈 습관이 중요한 이유를 여실히 보여주는 사례다. 어려서부터 정리정돈하는 방법을 배우고 습관이 들면 자신을 둘러싼 환경이 어떻게 바뀌더라도 영향을 받지 않는다.

전두엽의 영향으로 정리정돈에 약한 아들에게 정리정돈 습관을 들이려면 어떻게 해야 할까? 아들에게 자기만의 정리 방법이 있는지 먼저 확인해보자. 만약 나름의 방법이 있다면 인정해줘야 한다. 아들의 규칙이 부모의 마음에 안 들더라도 정리하려는 의지를 존중해주자. 방법을 모른다면 차근차근 알려주자. 꼭 챙겨야 할 중요한 물건은 하나씩 확인하며 챙기도록 하고 물건을 쓰고 나면 제자리에 두는 습관을 들이자. 부모가 시범을 보이고 아들과 함께 해봐야 효과가 좋다. 아들이 조금 익숙해지면 나중에는 혼자 하게 하자. 이때 조심해야 할 것은 아들의 거부감이다. 마음에 들지 않는다고 소리를 지르거나 다그치면 정리정돈 자체에 거부감을 갖게 된다. 거부감이 생기면 습관을 들이기 힘들어진다. 마음에 들지 않더라도 기다려주고 차분하게 말하자.

아들의 이미지를 결정하는 언어 습관

언어의 변화를 보면 아들의 성장을 쉽게 체감할 수 있다. 성장하면서 표현이 거칠어지고 욕도 한다. 아들이라면 누구나 겪는 과정이다. 언어는 잘못된 습관이 들면 고치는 데 더 큰 노력이 필요하므로 어려서부터 꾸준히 조금씩 바른 습관을 들여야 한다. 어려서부터 바른말을 쓰는 연습을 해야 한다. 태어날 때부터 경쟁하도록 세팅되어 있는 아들은 욕이 자기를 세 보이게 하고 자신을 지켜줄 수 있다고 생각한다. 아들이 욕을 하는 첫 번째 이유는 화나 분노를 상대방에게 전달하기 위해서다. 두 번째는 약해 보이지 않기 위해서다. 세 번째는 미디어나 친구들을 따라서 한다. 네 번째는 재미 삼아 한다.

아들이 욕을 하는 것은 자연스러운 사회화 과정으로 어쩔 수 없는 통과 의례다. 안 하면 좋겠지만, 부모 마음대로 되지 않으니 차라리 제대로 쓰는 법을 가르쳐주는 게 낫다. 아들은 욕의 뜻도 제대로 모르고 사용한다. 그래서 욕의 의미, 유래를 설명해주면 아차 싶어 멈추기도 한다. 요즘은 상대를 비꼬고 무시하는 은어들이 매우 많다. 유행처럼 쓰이는 말이라 하더라도 듣는 사람의 마음을 불편하게 한다면 안 써야 한다는 것을 꼭 알려줘야 한다. 나의 의도나 상황과 상관없이 듣는 사람이 기분 나빴다면 그런 말은 하면 안 된다고 가르쳐야 한다. 하지 말라고만 하면 고치기 힘들다. 상황에 따라 다르게 표현하는 방법을 가르쳐줘야 효과가 있다.

초등학교 5학년이 되자 준호의 말이 조금씩 험해졌다. 화가 나면 욕을 하기도 했다. 어느 날은 메시지로 친구와 다투며 욕하는 것을 보았다. '이건 빨리 고쳐주지 않으면 안 돼'라고 생각했고 충격 요법을 썼다. 준호 앞에서 준호가 했던 욕을 아주 실감 나게 들려줬다. 준호는 놀라서 나를 바라봤고, "이것밖에 못 하는 줄 아니? 더 심한 욕도 잘해!"라며 내가 알고 있는 최대한의 많은 욕을 선보였다. 그 후 "욕을 들으니 기분이 어떻니?"라고 물었다. 준호는 "너무 기분이 나쁜데, 다음에 욕할 일이 있으면 엄마처럼 해야겠어"라고 말했다.

충격 요법은 통하지 않았다. 아들은 어떤 경험을 했을 때 그 감정에 공감하기보다는 자신에게 유리한 것을 먼저 찾는다. 욕을 들었을 때의 감정에 공감해서 욕을 안 하게 하는 것보다 욕 대신 쓸 수 있는 말을 알려주는 것이 효과적이다.

조심해야 할 언어 습관 중에는 '뒷담화'도 포함된다. 뒷담화는 다른 사람을 그 사람 모르게 헐뜯는 것을 말한다. 심리적 공격 행위다. 뒷담화는 하면 할수록 습관이 된다. 처음에는 상대방에게 죄책감을 느끼지만, 나중에는 일말의 미안함도 느끼지 않게 된다. 아들이 누군가의 뒷담화를 한다면 당장 멈추게 해야 한다. "앞에서 못 하는 말은 뒤에서도 하면 안 된다"라고 가르쳐야 한다. 뒷담화를 많이 하면 신뢰를 잃어 또래 관계에도 안 좋은 영향을 미친다. 다른 사람의 뒷담화에도 동조하지 않게 해야 한다. 동조도 직접 뒷담화를 하는 것과 마찬가지다. 말은 생각을 통제하는 힘이 있으며 그 사람을 표현한다. 잘못된 언어 습관은 아들의 미래에도 영향을 미친다.

생활 습관이 바른 사람은 어떤 일을 해도 성과를 낸다. 자기가 할 일은 스스로 하게 아들을 가르쳐야 한다. 사용한 물건은 제자리에 두기, 자기 방 정리하기, 바른말 사용하기 등 작고 사소한 것부터 습관을 잡아야 한다. 사소하다고 방관하면 나중에는 굳어져 되돌리기 힘들어진다. 부모가 정성을 쏟는 만큼 아들에게는 좋은 습관이 생긴다. 세상살이에 필요한 기술들을 규칙화해 습관이 되게 하자. 하기 싫고 귀찮았던 일도 몸에 배면 꼭 해야 하는 일로 인식한다. 습관이 되는 것이다. 좋은 생활 습관이 들면 학습이나 새로운 일의 도전에도 긍정적 영향을 미친다. 아들은 성장 가능성이 큰 아이로 자랄 것이다.

⚡TIP 정리정돈 습관, 이렇게 들여주세요

① 시범을 보여주고 구체적으로 방법을 알려주세요

아들이 정리정돈을 잘 못하는 것은 방법을 몰라서일 수도 있습니다. 먼저 아들 자신만의 정리 규칙이 있는지 살펴보세요. 규칙이 없고 방법을 모른다면 부모가 도움을 주어야 합니다. 먼저 시범을 보여주고 설명해주세요. 물건을 종류별로 분류하는 방법, 용도별로 정리하는 방법, 청소하는 방법 등을 아주 구체적으로 알려주세요. 그리고 아들과 함께 해보세요.

② 자기 물건을 챙기는 방법을 알려주세요

아들은 한 번에 한 가지에만 집중할 수 있습니다. 자기 관심에서 벗어나는 일은 잘 챙기지 못합니다. 물건을 잃어버리거나 정리하지 못하는 것도 이러한 이유 때문입니다. 아들의 부주의함을 탓하기보다 챙길 수 있는 환경을 만드는 게 더 효과적입니다. 준비물 가방 수를 줄이고 가능하면 책가방에 넣습니다. 간절기에 입는 카디건이나 점퍼는 잃어버리기 일쑤입니다. 학교에서 벗으면 바로 가방 안에 넣도록 가르치세요. 이름을 써두는 것도 방법입니다. 준호는 1학년 때 학급 단체 채팅방에 옷 주인을 찾는 메시지의 단골이었습니다. 교실에 점퍼가 3개나 걸려 있기도 했어요. 아들을 탓하다 보면 끝도 없습니다. 아들이 잘할 수 있는 환경을 만들어주세요.

③ 정리할 수 있는 환경을 만들어주세요

아들이 정리할 수 있도록 환경을 만들어주는 게 중요합니다. 책을 놓을 수 있는 곳, 옷을 벗으면 걸어두는 곳, 가방을 놓아둘 곳, 장난감을 넣어둘 수납장 등을 준비해주세요. 정리할 자리는 한곳으로 정해두어야 합니다. 아들의 수준에서 아들이 스스로 정리할 수 있는 환경과 순서를 만들어주면 스스로 하는 아이가 되어 있을 것입니다.

④ 아들에게 가정도 공동생활이라는 것을 알려주세요

'내 집'이라고 집을 지칭하는 준호는 자기 방뿐만 아니라 거실, 안방, 식탁에까지 자기 짐을 늘어놓습니다. 집은 공용과 개인 공간의 구분이 모호하기 때문이죠. 하지만 이런 습관은 다른 공용 시설의 사용에도 영향을 미칩니다. 가족들이 함께 사용하는 공간은 '공용' 공간이니 깨끗하게 사용해야 한다는 것을 가르쳐야 합니다. 이는 공중도덕 형성에도 도움이 됩니다.

✨TIP 아들의 욕, 이렇게 대응해봐요

① 먼저 부모의 말투를 점검하세요

부모가 타인을 비난하고 무시하는 말을 자주 하거나 욕을 사용한다면 아들은 그대로 배울 수밖에 없어요. 부부간에 사용하는 말투도 조심해야 해요.

② 재미 삼아 흉내 내는 거라면 무시하세요

재미로 잠시 따라 하는 거라면 크게 걱정 안 해도 돼요. 적당히 무시하면 다른 사람은 재미있지 않다는 걸 알고 더 이상 안 할 거예요. 그래도 계속된다면 지금 한 말이 나쁜 말이라는 걸 알려주고 부모가 기대하는 바가 무엇인지 말해주세요.

③ 아들이 욕을 해도 민감하게 반응하지 마세요

아들이 욕을 할 때 부모가 당황해하거나 민감하게 반응하면 강렬한 인상을 심어줘요. 부모의 반응이 클수록 재미있게 느껴 욕하는 행동이 강화될 수 있어요. 아들의 욕을 감정적으로 받아들이지 말고 겪어야 할 과정이라고 생각하세요. 그러면 민감하게 반응하지 않을 수 있어요.

④ 욕을 하게 된 원인과 대안을 함께 찾아보세요

아들이 왜 욕을 했는지 이야기를 들어주세요. 화가 나서 그랬는지, 습관처럼 튀어나온 것인지, 스트레스 해소 방법인 건지를 확인해보세요. 원인에 따라 욕 대신 할 수 있는 대안을 함께 찾아보세요. 예를 들면 화가 나서 욕을 했다면 욕 대신 왜 화가 났는지를 상대방에게 말이나 글로 표현하게 하는 거예요. 스트레스를 풀기 위해 욕을 한다면 음악을 듣거나 일기를 쓰는 등 다른 스트레스 해소 방법을 찾아보세요.

⑤ 욕을 듣는 입장이 되어보게 해주세요

아들은 다른 사람이 욕을 들었을 때 느낄 감정에 대해 중요하게 생각하지 않아요. 그렇게 아들이 다른 사람의 감정을 무시하도록 그냥 둘 수는 없어요. 아들이 욕하는 입장이 아닌, 욕을 듣는 입장이 되어보게 하는 건 필요해요. 스스로 생각하고 느끼면 행동의 변화가 빨라져요.

집안일 돕기를
습관화하기

아들은 소속감을 중요하게 여긴다. 부모는 아들이 가족의 소중한 일원임을 느끼게 해줘야 한다. 가족 내에서의 소속감은 아들이 대집단에서도 안정적으로 소속감을 형성하는 경험적 근거가 된다. 소속감은 자기 존재의 필요성, 인정, 존중이 있을 때 형성된다.

아들이 가족 안에서 소속감을 느끼게 하려면 일정한 역할을 맡기는 게 좋다. 가장 쉬운 방법으로 집안일이 있다. 집안일을 맡아서 하다 보면 구성원으로서 존재감과 소속감을 느끼게 된다. 예전에는 집안일이 여성만의 전유물로 인식되었지만, 이제는 그렇지 않다. 아들도 집안일을 할 수 있어야 한다. 집안일은 아들이 세상을 살아가는 데 든든한 밑거름이 된다.

어느 날 저녁 식사 후였다. 식기를 치우고 설거지를 준비하면서 준호에게 설거지를 함께하자고 했다. 준호는 "그건 엄마, 아빠 일인데, 왜 내가 해?"라고 어이없어하면서 쳐다봤다. 준호는 집안일은 자기의 일이 아니라 엄마, 아빠의 일이라고 생각하고 있었다. 그나마 다행인 것은 여성이 해야 하는 일이라는 고정관념은 없다는 것이다. 아빠가 집안일을 하는 모습을 많이 봐왔기 때문이다.

아빠의 집안일 참여는 그래서 중요하다. 엄마만의 일이 아니라 가족 모두가 함께해야 하는 일이라는 것을 가르쳐주기 때문이다. 집안일은 가족이 함께해야 하는 일이다. 지금은 준호도 밥상을 차릴 때 돕고 자기 밥그릇은 자기가 치우고 있다.

집안일은 자립의 씨앗

아들은 자립을 준비해야 한다. 자립은 자기 힘으로 생활을 해내는 것을 말한다. 유대인 부모는 노동의 가치를 가르치기 위해 자녀에게 집안일을 시킨다. 노동의 가치를 아는 것은 자립의 첫걸음이다. 유대인 부모는 집안일마다 액수를 정해놓는다. 아이들은 자기가 할 수 있는 일을 하고 보수를 받는다. 땀을 흘려야 원하는 것을 얻을 수 있다는 사실을 가르치는 것이다. 땀 흘려본 아들은 부모에게 돈을 받아낼 궁리를 하는 대신 스스로 노력한다. 어려서부터 노동의 가치를 경험하면 삶의 방향을 스스로 찾아 나가게 된다. 이는 훌륭한 인재로 자라는 원동력이 된다.

아들에게 집안일을 돕게 해야 하는 이유는 또 있다. 집안일을 함께하며 부모와 가까워질 수 있기 때문이다. 아들은 성장하면서 부모와의 대화가 줄어든다. 대화할 시간도 부족해지고 사춘기가 영향을 미치기 때문이다. 집안일을 함께하면 대화가 늘어난다. 부모가 알고 있는 지혜를 나눠줄 수도 있다. 집안일을 하다 보면 할 수 있는 것이 많아지면서 자존감도 높아진다. 숨겨져 있던 재능을 발견하게 될 수도 있다. 아들에게 숨겨진 능력을 발견할 기회를 빼앗지 말자. 어렸을 때부터 집안일에 참여시켜야 한다.

집안일을 아들과 분담해서 해보자. 식사 준비, 청소, 빨래 등 아들이 할 수 있는 일을 부모와 나눠서 하는 것이다. 집안일을 맡긴 뒤에는 책임감을 느끼고 끝까지 해낼 수 있도록 교육해야 한다.

물론 아들에게 집안일을 맡기면 더 골치 아파질 때도 있다. 하지만 이 또한 아들의 성장을 위한 밑거름이다. 아들의 실수로 뒤처리해야 하는 일이 많아지더라도 "도와줘서 고마워"라고 말하자. 자존감이 높아지고 다른 사람을 도와주고 싶다는 마음이 생길 것이다.

아들의 나이에 맞는, 할 수 있는 일을 맡겨야 한다. 충분히 도와줄 수 있는 일을 맡겨야 하는 것이다. 어릴 때는 상을 차릴 때 수저를 놓게 하거나 세탁이 다 된 옷을 갖다 놓게 하는 것부터 시작하자. 장 볼 때 계산을 하게 하거나 식재료를 고르게 하자. 편식을 없애는 데 도움이 된다. 조금 더 크면 식탁을 치우게 하고, 설거지도 맡길 수 있다. 한 끼 식사를 직접 준비하게 하는 것도 좋다.

집안일은 아들이 성장해서 어른이 되었을 때 온전한 성인으로서 역할을 하는 데 도움이 된다. 이스라엘의 잡지 〈가정교육〉에서 실시한 조사 결과에 따르면 집안일을 도우며 자란 아이는 그렇지 않은 경우보다 실업률과 범죄율이 낮게 나타났다. 반면 평균 수입은 20%나 높은 것으로 나타났다. 맡겨진 역할을 완수하고 다른 사람에게 도움이 되는 경험을 통해 자기 유용감이 발달한다. 자기 유용감이란 자신이 다른 사람에게 도움이 된다는 긍정적 감각이다. 일을 통해 자기의 가치를 실현하고 싶은 욕구가 생기는 것이다. 또한 집안일을 도우며 생긴 자신감은 어려운 상황에 부닥쳐도 이겨내는 힘이 된다. 집안일을 통해 배운 것은 아들이 독립적인 생활을 할 수 있게 한다.

아들을 집안일에 참여시키는 전략

아들을 집안일에 참여시키려면 준비가 필요하다. 갑자기 "오늘부터 집안일을 도와줘"라고 말한다면 반발할 것이다. 아들은 "내가 왜 해야 해?"라고 바로 물어올 것이다. 집안일은 엄마의 일 또는 어른들의 일이라고 생각하기 때문이다. 엄마나 아빠가 해야 할 일을 대신해달라는 것으로 생각하기 때문에 거부하는 것이다. 이럴 때 활용할 수 있는 것이 남자들의 '팀 의식'이다. 아들은 동료, 팀을 위해 일할 때 뇌가 활성화된다. 가족은 한 팀이고, 팀원으로서 해야 하는 일 중 하나가 집안일이라는 것을 인식시키면 된다. '아직 어린데 어른이 되어서 해도 되지'라고 생각하면 나중에 자기만 아는 이기적인 사람이 될 수도 있다.

취학 전에는 일주일에 한두 번 정도 집안일을 함께하자. 초등학교 입학 후에는 일주일에 세 번 이상은 책임지고 할 수 있는 일을 맡기자. 예를 들면 재활용품 정리, 설거지, 빨래 넣기 등이다. 청소년이 되면 매일 시켜도 괜찮다. 스스로 할 수 있는 일이 늘어나는 것은 아들에게 긍정적인 영향을 미친다. 부모가 아들 방을 청소해줘 버릇하면 아들은 방을 정리하고 청소하는 방법을 배울 기회가 없다. 어려서부터 부모와 함께 시작하면 된다. 분리수거, 설거지, 신발 정리, 빨래 널기 등을 놀이 처럼 함께 해보자. 아들을 믿고 방법을 가르쳐주자.

집안일을 돕는 것은 습관성이 강하다. 계속 반복하다 보면 당연하게 여기고 아들의 참여는 자연스러워진다. 유대인 부모들은 단순히 집안일만을 시키지 않는다. 집안의 대소사를 결정하는 과정에 참여시킨다. 가족 행사를 계획할 때 의견을 내게 하고 그것을 반영한다. 휴가 계획을 아이들에게 맡기는 것도 일상적이다. 집안일을 도와준 아들에게 보상을 어떻게 해야 할지 고민하는 부모들도 많다. 바로 보상하기보다는 스티커를 붙여 다 모이면 보상해주는 '토큰 이코노미Token economy'를 활용하는 게 효과적이다. 집안일은 가족 구성원이기 때문에 당연히 함께해야 하는데 과한 보상을 한다면 교육의 효과가 떨어진다.

아들에게 집안일을 맡길 때는 실패를 전제하자. 실패해도 화내거나 혼내지 말아야 한다. 아들이 실패했다면 처리 방법을 가르쳐주고 위로 해주자. 다음에 배운 것을 활용해 성공적으로 처리해낸다면 자신감이 생길 것이다. 어떤 사람도 처음부터 잘 해내는 사람은 없다. 기억은 안 나겠지만 부모들도 처음에는 미숙했다. 아들의 수준에 맞게 일을 맡기면 서로 상처받을 일이 없다. 혹여 아들의 실수를 부모가 대신 처리했다면 아들에게 굳이 말하지 말자. "나중에 엄마가 다시 정리할 테니까 그냥 둬"라는 말은 아들에게 좌절감을 안긴다. 굳이 아들에게 생색내며 상처 입힐 필요는 없다.

집안일을 돕고 자란 아들은 사회적 성공 가능성이 큰 것으로 밝혀졌다. 집안일은 노동의 가치를 알게 해서 자립의 기초가 되기 때문이다. 집안일을 부모와 함께하다 보면 관계 향상에도 도움이 된다. 부모의 지혜를 공유하고 아들과 대화하는 시간이 늘기 때문이다. 집안일을 맡겼다면 마음에 들지 않더라도 끝까지 믿고 기다려주자. 실수가 있을 수 있지만, 결국 아들은 스스로 방법을 찾아낼 것이다.

아들을 집안일에 참여시키려면 가족이 한 팀이라는 것을 인식시켜야 한다. 팀원으로서 서로 도와야 함을 가르치자. 집안일은 아들이 사회 구성원으로서의 몫을 해내는 데 큰 도움이 된다.

TIP 아들의 집안일 돕기, 이렇게 해봐요

① 집안일을 놀이로 만들어보세요

대부분의 아이들은 물놀이를 좋아하죠. 그런 특성을 이용해보는 거예요. 설거지, 실내화 빨기, 걸레 빨기 등을 하며 비누 거품 놀이도 하고, 첨벙첨벙 물놀이도 하게 하세요. 재미를 느끼면 천천히 제대로 하는 방법을 알려주세요. 거부감 없이 따라올 거예요.

② 아들과 상의해 역할을 나눠요

먼저 집안일을 목록화하세요. 주방일, 청소, 빨래 등의 집안일을 세부적으로 목록으로 만든 다음 아들과 공유하세요. 아들이 할 수 있는 일은 어떤 것인지 묻고 서로 의견을 내어 역할을 나누는 거예요. 이때 집안일을 할 횟수와 시기도 함께 정해요. 자신에게 결정권이 있다고 느껴지면 아들은 매우 적극적으로 참여할 거예요.

긍정적 또래 관계
만들기

사회복지 현장에서는 사람 간의 '관계'를 중요시한다. 복지 제도만으로는 해결하기 어려운 문제들이 '관계'를 통해 풀리는 경우가 많기 때문이다.

그러나 모든 사람이 타인과 좋은 관계를 맺고 잘 지내지는 않는다. 관계로 인해 상처받고 관계가 힘들어 숨는 사람도 있다. 하지만 많은 사람이 결국 사람과의 관계를 원하고 관계를 통해 힘을 얻는다. 요즘 사회는 '타인과의 관계'보다는 '나 혼자'의 삶에 더 주목한다. 대학에서는 커리큘럼에 조별 활동이 있으면 학생들이 수강을 취소하는 사례도 있다고 한다. 그러다 보니 점점 다른 사람과 어울려 살아가는 것이 어색해지고 어려워지고 있다. 그래서 더 '관계'의 연습이 필요하다.

사회복지사가 관계를 통해 돕는 과정을 살펴보자. 갑작스러운 이혼으로 경제적 어려움과 심리적 불안을 겪고 있는 한부모 가정이 있다. 경제 활동을 하지 않던 엄마는 가족의 생계를 책임져야 한다. 경제 활동을 하려면 아이를 종일 돌봐줄 사람이 필요하다. 이런 상황은 엄마에게 큰 스트레스가 된다. 엄마는 계속 불안하다. 사회복지사가 이 가정을 도울 때 먼저 할 수 있는 것은 제도적 서비스를 연계하는 것이다. '법정 한부모 지원'을 신청해 복지 급여 지원을 받을 수 있도록 하고 취업을 위한 교육 서비스를 연계한다. 다음으로는 아이를 종일 보육해 줄 수 있는 어린이집을 알아본다. 세 번째는 엄마의 심리적 안정을 위해 상담 서비스를 지원한다.

하지만 제도는 정해진 틀이 있어 예측하지 못한 상황에 완벽히 대응하지 못한다. 언급한 한부모 가정에 연계된 제도적 서비스로 해결되지 않는 문제를 살펴보자. 어린이집이 방학을 하면 엄마는 아이를 맡길 곳이 없어진다. 상담 서비스 또한 무제한으로 받을 수가 없다. 이때 사회복지사는 '관계'를 활용한다. 어린이집 엄마들이나 이웃들과의 관계를 활용하면 아이 돌봄 도움을 받을 수 있다.

그래서 이웃과 관계를 만들기 위해 사소한 것부터 시도하게 한다. 먼저 인사하고 맛있는 게 있으면 나눠 먹으며 관계를 형성해가는 것이다. 다른 한부모 가정과 관계를 주선해 아픔을 공감하고 나누며 마음을 회복하도록 도울 수도 있다. '관계'를 통해 제도의 부족함을 보완하고, 더 행복한 삶을 살 수 있는 것이다.

아들도 어려서부터 타인과 관계를 형성하고 유지하는 법을 배워야 한다. 아들이 부모를 제외하고 처음 경험하는 타인과의 관계는 '또래' 이다. 아들은 환경에 영향을 많이 받는다. 그래서 지적인 흥미를 유발하고 또래 집단과의 긍정적 교류가 있고 리더십을 키울 수 있는 환경에서 자라야 한다. 아들은 성장하면서 또래 집단의 영향을 많이 받는다.

커갈수록 부모보다 친구의 영향이 더 커지는 것이다. 아들이 어떤 친구들과 어울리느냐에 따라 미래가 달라진다. 아들의 친구들을 잘 관찰하고 관심을 가져야 하는 이유다. 아들은 가족을 넘어서 사회적 관계를 확장하고 싶어 한다. 이 과정에서 아들이 선한 영향력을 받을 수 있는 친구들과 어울리게 해야 한다. 내 아들이 선한 영향력을 끼치는 친구가 된다면 더할 나위 없을 것이다.

친구가 많지 않다고 조급해하지 말자

준호가 학교에 입학하면서 가장 걱정했던 것은 친구 관계였다. 어린이집에 다닐 때도 친구에게 먼저 말을 걸지도 적극적으로 어울리지도 않았다. 사회성에 문제가 있는 건 아닌지 걱정될 정도였다.

그렇게 초등학교에 입학하니 더 걱정이 많아졌다. 준호는 반 친구들의 이름도 다 외우지 못했고 누가 같은 반인지도 관심이 없었다. 학년이 올라가며 다른 아이들은 친구들과 만나서 함께 등교하기도 하고 친구를 집에 초대하기도 했다. 준호는 여전히 친구 관계에 크게 관심을 보이지 않았다. 나는 걱정되어 여러 질문을 쏟아붓기도 하고 친구도 없냐며 타박하기도 했다. 다른 애들은 다 '절친'이 있는데 왜 너는 없냐며 구박도 했다.

준호는 "나 친구 있어. 그리고 절친을 하고 싶은 애가 없는데, 무조건 절친이 있어야 해?"라고 물었다. 준호의 말이 옳다. 누구나 절친이 있어야 하는 것도 아니고 모든 사람과 친해야 하는 것도 아니다. 부모의 조급한 마음에 아이를 다그치고 친구도 없는 애로 만들어버린 것이다. 지금 준호는 꽤 친한 친구들이 많이 생겼다. 학교 갈 때 친구와 시간을 맞춰 함께 등교도 한다. 준호에게는 시간이 필요했을 뿐이다. 친구와 어울릴 때가 되면 아들은 또래 관계를 만들어나간다. 아들을 기다려주되 올바른 관계를 맺는 방법을 가르쳐주면 된다.

내성적인 아들은 친구들과 어울리기보다 자기 내면에 집중해서 시간 보내기를 좋아한다. 부모들은 그런 아들을 보며 친구가 없을까 봐, 사회성이 떨어질까 봐 온갖 걱정에 휩싸인다. 결국 나처럼 "넌 친구도 없냐, 다른 애들은 잘만 어울리는데 너만 왜 그러냐?"라는 말로 아들에게 상처를 주고 만다.

어떤 친구하고든 쉽게 친해지고 어울리는 아들은 많지 않다. 맞지 않는 친구들과 억지로 어울리려고 애쓰는 것보다 혼자 또는 소수의 친구와 어울리는 것이 훨씬 낫다. 부모는 아들에게 힘을 주는 사람이어야 한다. 만약 아들이 친구 문제로 고민이 있다면 "괜찮아. 엄마가 친구잖아. 걱정하지 마"라고 말하며 안아주자.

엄마들은 아들이 어릴 때 친구를 만들어주기 위해 부단히 노력한다. 어릴 때 친구들과 놀 수 있는 자리를 만들어주는 건 좋다. 친구와의 집단 놀이를 통해 사회성을 기르기 때문이다. 남자아이들은 능력으로 서로를 평가한다. 아들은 본능적으로 비슷한 능력을 갖춘 친구와 어울린다. 또래 집단에서 자기와 비슷한 친구를 찾고 자연스럽게 친해지게 된다. 아들은 엄마가 소개해준 친구가 자기와 비슷한지, 잘 맞는지를 금방 눈치챈다. 엄마가 아무리 노력해도 서로 맞지 않으면 친구가 되기 어렵다. 결국 아들의 친구를 만들어주려던 시도는 엄마의 친구가 늘어나며 끝날 때가 많다.

친구 사귀는 법 가르치기

또래 관계를 잘 맺기 위해 아들이 알아야 할 것을 미리 교육할 필요가 있다. 아들은 흥분하거나 너무 재미있을 때는 자기 통제를 잘하지 못한다. 행동이 과해진다. 이런 행동은 친구와의 갈등으로 이어지기도 한다. 관계에 서툴러서 자주 다투기도 한다. 또래에게 반감을 사면 집단에서 거부당할 가능성이 크다. 집단에서 거부당하는 아들의 절반 정도는 공격적이다. 상대방이 싫어하는 행동을 해서는 안 된다는 것을 명확히 교육하자. 친구가 "싫어"라고 말하면 바로 멈추게 교육해라. "친구가 싫어하는 행동을 계속하면 오해가 생길 거야. 올바른 방법으로 표현하지 않으면 네 마음을 알릴 수 없어"라고 알려주어야 한다.

아들에게 갈등 상황에 대처하는 법을 알려주는 것은 또래 관계를 유지하는 데 도움이 된다. 갈등이 생겼을 때 버럭 화를 내거나 똑같이 복수하려 하면 상황을 악화시킨다는 것을 알려주자. 아들은 자기 기준과 맞지 않으면 화를 참지 못한다. 감정적 변화에 어떻게 대응해야 할지를 모르는 것이다. 화가 난 마음을 살피고 해결할 방법을 찾기보다 관계를 단절하는 방법을 택한다. 이런 아들은 감정을 다스리고 참는 법을 먼저 가르쳐야 한다. 의견 충돌이 있으면 어떻게 해결해야 하는지도 알려줘야 한다. 중요한 것은 아들의 감정을 이해해주고 공감해주는 것이다. 친구의 험담에 동참하면 안 된다는 것도 기억하자.

친구들의 놀림이나 짓궂은 장난에 감정적으로 대응하면 이것이 반복될 가능성이 크다. 반응이 크면 놀림감이 되기 쉽다. 이럴 때는 무관심하게 반응하라고 가르쳐야 한다. 재치 있게 대응한다면 더 좋겠지만 쉬운 일은 아니다. 상대의 놀림이나 장난에 아무런 영향을 받지 않았다는 모습을 보여주는 게 가장 효과적이다. 아들에게 상황이나 분위기에 맞는 대화를 알려주고 연습시키자. 연습을 통해 실전에서 당황하지 않고 응수할 수 있게 된다. 그러면 아들은 조금씩 침착함을 찾고 더 나은 방법으로 대응하게 된다.

아들이 크면 집으로 친구를 초대하기도 한다. 친구가 집에 놀러 왔을 때 에티켓을 가르칠 필요가 있다. 밖에서와 달리 친구가 집에 놀러 오면 오히려 실수하는 경우가 생긴다. 주인 행세를 하느라 친구와 불편해지는 일이 생기는 것이다. 초대한 친구를 즐겁게 해줄 책임이 있다고 알려주자. 친구가 도착하면 문 앞까지 나가 마중하게 하고 간식과 음료를 권하게 한다. 놀이할 때는 친구가 먼저 시작하게 하는 게 좋다. 놀이의 승패에 연연하지 않아야 한다는 것을 알려줘야 한다. 친구와 공유하고 싶지 않은 물건이 있다면 미리 치워두게 하는 것도 방법이다.

아들의 또래 관계, 부모도 함께 준비해야 한다

아들의 친구가 마음에 들지 않을 수 있다. 그렇다고 아들 앞에서 친구를 문제 있는 아이처럼 이야기하면 안 된다. "뭐 그런 애가 다 있니,

개랑 놀지 마"라는 말을 조심하자. 준호는 지원이라는 친구와 매우 가깝게 지냈다. 자주 어울리는 만큼 자주 다퉜고 집에 와서 하소연하는 일도 많았다. 준호의 말을 들어보니 지원이라는 아이가 이기적이고 준호를 이용하는 것 같았다. 준호에게 "너 개랑 놀지 마. 이상한 애다, 진짜"라고 말했다. 그 뒤부터 준호는 친구 이야기를 하지 않았다. 다퉈서 하소연했을 뿐인데 나쁜 애라며 놀지 말라는 말을 늘어놓는 엄마에게 더 이상 말하고 싶지 않았던 것이다.

아들 친구가 마음에 들지 않더라도 아들의 친구를 험담하지 말자. 편견 없이 바라보기 위해 노력해야 다양한 친구를 사귈 수 있다. 아들에게 친구에 관해 물어보자. 서로에게 어떤 도움이 되는지, 어려운 점은 없는지를 물어보면 친구에 대해 좀 더 알 수 있다.

아들에게 나쁜 영향을 미치고 있다면 자연스럽게 관계를 끊게 해야 한다. 친구를 비난하지는 말되, 나쁜 행동에 대해서는 부모의 뜻을 명확히 전달해야 한다. 기억해야 할 것은 아들은 계속 성장하는 중이기 때문에 어떻게 변할지 모른다는 것이다. 내 아들이 나쁜 영향을 미치는 친구가 될 수도 있다. 아들 친구의 부모가 내 아들을 나쁘게 볼 수도 있다는 것을 기억하자.

아들이 친구들과 어울리다 보면 거절당할 때가 있다. 같이 놀자고 했다가, 혹은 어떤 놀이를 제안했다가 거절당하기도 한다. 이때 부모의 태도가 중요하다. 거절은 더 중요한 일이 있다는 표현이다. 상대를 싫어하거나 소외시키고자 하는 행동이 아니다. 아들에게 그 의미를 알려줘야 한다. 아들이 친구에게 거절당하면 부모는 괘씸한 마음이 들기도 한다. 하지만 거절당했다고 해서 내 아들이 소외되거나 무시당한 것이 아니라는 걸 알아야 한다. 살아가다 보면 거절의 경험은 점점 많아질 것이다. 아들에게 감정을 조절하고 상황을 바르게 해석하는 방법을 가르쳐주면 마음이 단단해질 것이다.

아들은 남자들의 특징인 서열 중심의 세상을 살아간다. 또래 관계에서도 집단에 잘 어울리는 것보다는 높은 서열을 차지하는 게 더 중요하다. 이런 경쟁 시스템에 적응하지 못하는 아들도 있다. 그러나 성향과 관계없이 서열 경쟁 상황을 이겨내야 하므로 부모의 역할이 중요하다. 부모의 애정적 양육 태도가 또래 집단에서의 인기도에 결정적 영향을 미친다는 연구 결과가 있다.

또한 스포츠가 인기도의 중요한 결정 요인이라고 한다. 운동을 잘하면 매력적으로 인식되는 것이다. 아들이 또래 집단에 잘 적응하고 인기 있게 키우려면 격려와 공감을 생활화하자. 하나 정도는 잘하는 스포츠가 있도록 가르치는 것도 필요하다.

또래 관계에서 가장 중요한 것은 결국 소통이다. 중요한 것은 공감하고 진심으로 칭찬할 줄 알아야 한다. 자기 입장만 내세우고 친구의 말을 귀담아듣지 않으면 소통이 어렵다는 것을 가르쳐야 한다. 소통만 잘돼도 또래 관계는 훨씬 수월해진다. 아들의 성향에 따라 친구를 사귀는 속도나 방법은 천차만별이다. 다른 아이와 비교해 재촉하지 말자. 스스로 자기와 잘 맞는 친구를 찾을 것이다. 또래 관계도 준비가 필요하다. 아들에게 친구를 대하는 방법, 갈등 상황에 대처하는 방법 등을 가르쳐주면 도움이 된다. 부모도 편견 없이 아들의 친구를 바라보

기 위해 노력해야 한다. 아들의 친구도 귀한 자식임을 기억하고 부모의
마음으로 대하면 아들의 친구 관계에도 도움이 될 것이다.

TIP 아들의 또래 관계, 이렇게 대처해요

① 아들의 친구를 만들어주기 위해 부모가 나서지 마세요
어리더라도 아들은 자기와 맞는 친구를 찾을 줄 알아요. 사회성을 키워주
겠다고 부모가 나서서 친구를 억지로 만들어줘봤자 도움이 되지 않아요.
친구가 많지 않더라도 아들을 믿고 기다려주세요. 자기와 맞는 친구가 생
길 거예요.

② 갈등 상황에 대처하는 법을 알려주세요
친구와 갈등이 생겼을 때 대처하는 법을 알려주어야 해요. 아들은 화가
나면 감정적으로 대처하기 쉬워요. 감정을 다스리고 참는 법을 알려주어
야 해요. 의견 충돌이 있었을 때도 대처하는 법을 구체적으로 알려주면
좋아요.

③ 아들의 친구를 평가하지 마세요
"친구 따라 강남 간다"는 말은 결국 어떤 친구를 사귀는지가 중요하다는
뜻이기도 해요. 좋은 친구를 사귀었으면 하는 건 어느 부모나 같은 마음
일 거예요. 그러다 보니 아들의 친구를 유심히 관찰하고 안 좋은 행동을
배우지는 않을까 노심초사하게 되지요. 친구를 잘 살펴보는 건 필요해요.
중요한 건 친구에 대한 평가를 아들 앞에서 하면 안 된다는 거지요. 매우
나쁜 행동을 하거나 악영향을 끼치는 게 아니라면 친구에 대한 안 좋은 말
은 하지 않는 게 좋아요.

공동체 경험을 통한
사회성 기르기

준호가 일곱 살 때 지금 사는 곳으로 이사를 왔다. 운이 좋게도 이사를 오며 알게 된 이웃들과 뜻이 잘 맞았다. 서로 집에도 왔다 갔다 하며 자주 만난다. 명절이면 선물을 나누고 생일이면 모여 축하도 함께한다. 맛있는 음식이 있으면 나눠 먹고 아플 때는 위로의 마음을 담은 선물도 한다. 준호가 초등학교에 입학하며 만나게 된 친구 엄마들과도 좋은 관계를 유지하고 있다. 일하느라 짬을 낼 수 없었던 나 대신 준호를 학원까지 데려다주고 미처 챙기지 못한 준비물을 나눠주기도 한다. 준호가 잘못된 행동을 하면 야단도 쳐주며 함께 돌본다.

준호는 사회성이 대단히 좋은 아이가 아니다. 초등학교 입학 전에는 사회성이 떨어지는 건 아닌지 걱정도 했다. 초등학교 5학년이 된 지금도 사교적이지는 않지만, 사회생활에 문제는 없다. 아이가 성장한 것도 있겠지만, 자라면서 경험한 공동체 문화가 큰 역할을 했다고 생각한다. 준호는 이웃과 즐거운 일, 슬픈 일, 어려움을 나누고 서로 힘이 되어주는 경험을 했다. 학교나 동네에서 부모가 아니더라도 자기를 지켜봐

주고 조언해주는 어른을 만났다. 집에 찾아오는 손님을 대접하고 만나며 사회성을 키웠다. 사회성은 인생을 살아가는 데 필수다.

아들은 수렵 시대 남성성을 타고났다. 식량을 구하기 위한 사냥에서 경쟁자들과 싸워 이겨야 했다. 그때부터 현재까지 이어지고 있는 남성성은 아들에게 너는 강하고 용감한 존재가 되어야 한다고 부추긴다. 그래서 협력하고 조율하기보다는 경쟁을 통해 서열을 정하는 게 익숙하다. 서열이 정해지면 오히려 마음이 편해지는 게 아들이다. 그러나 현대 사회는 수렵 시대가 아니다. 오로지 생존을 위한 경쟁을 하며 살지 않는다. 다른 사람들과의 연대·협력이 중요해졌다. 사회성이 필요해진 것이다. 아들의 사회성을 키우려면 어떻게 해야 할까? 아들에게 공동체를 경험하게 해주어야 한다.

사회성은 만들어지는 것이다

아들의 사회성을 기를 수 있는 적절한 시기가 있다. 유대인 교육가 지크 루빈Zick Rubin은 9~12세 때는 친구를 사귀는 친밀 단계로 친구의 행동보다 본모습과 행복감에 관심을 보인다고 한다(사라 이마스의 《유대인 엄마의 힘》에 소개되었다). 이때 친한 친구를 사귀지 못하면 성인이 되어서도 진실한 친구를 사귀기 어렵다고 했다. 부모는 아들의 발달 단계에 맞춰 친구를 잘 사귈 수 있도록 도와야 한다. 친구뿐만 아니라 타인과의 소통 방식은 부모의 영향을 많이 받는다. 부모가 아들을 대하고 갈등을 해결하는 방식을 본받아 타인에게 똑같이 행동한다. 부모가 타인과 소통하고 사회적 관계를 맺는 모습을 보여주는 것은 아들의 사회성을 기르는 가장 효과적인 방법이다.

부모가 사회 활동을 꺼리면 아들도 다른 사람을 만날 기회가 줄어들어 사회성 발달이 더디다. 친구와 형, 누나, 어른 등 다양한 사람을 만나는 것이 사회성 발달의 첫걸음이다. 사람을 만나야만 배울 수 있는 사회적 기술들이 있기 때문이다. 자기 물건을 공유하거나 순서를 양보하는 것, 갈등에 대응하는 법, 다른 사람에게 관심 두고 돕는 일 같은 것이다. 아들이 낯선 사람과 소통할 수 있도록 기회를 제공하자. 슈퍼나 문구점, 시장에 가서 다른 사람들에게 말을 걸 수밖에 없게 하는 것이다. 음식점이나 마트에서 아들이 직접 주문하게 하거나, 필요한 물건을 요청하게 하는 것도 좋다. 부모는 옆에서 응원만 해주면 된다.

아들은 사회 경험이 많지 않아 낯선 환경에 놓이면 부모에게 더 의존한다. 부모는 거리를 두고 아들을 관찰하다가 필요할 때만 도와주어야 한다. 가능하면 문제가 생겨도 스스로 해결하게 하자. 그 위치를 확인할 수 없을 만큼 부모가 멀리 떨어져 있으면 아들은 불안감을 느낀다. 아들의 시야에서 벗어나지 말자. 낯선 환경에 당황하면 갑작스러운 감정의 변화를 일으키기도 한다. 울거나 짜증 내고 공격적인 모습을 보일 수도 있다. 이럴 때는 야단치기보다 안정을 찾게 하고 기다려줘야 한다. 반복해서 경험하다 보면 아들은 자신감을 얻게 된다. 예의 바른 태도와 표현, 상황에 맞는 말과 행동, 표정을 가르치는 것도 잊으면 안 된다.

사회성 형성에는 다른 사람과의 협력도 중요하다. 협력의 즐거움을 직접 경험해야 의지가 생긴다. 스포츠 활동, 체험 활동, 친목 모임 등 다양한 모임에 아들을 참여시켜라. 가족들과 함께 대청소를 하거나 친구들과 힘을 모아 문제를 해결하는 경험을 갖게 하는 것이다. 유대인들은 기적과 같은 인맥 덕분에 자신의 성과가 좋아졌다고 생각한다.

성공에는 자신의 노력 외에 다양한 요소가 함께 작용한다. 타인과의 협력도 이에 해당한다. 아들에게 겸손과 나눔, 베풂을 가르쳐야 하는 이유다. 타인에게 받은 도움을 기억하고 고마움을 전하고 다시 나눌 줄 안다면 사회성은 걱정할 필요가 없다.

공동체는 사회성 발달에 중요한 역할을 한다

우리는 공동체 안에서 살아간다. 가족, 회사, 종교 단체, 친목 모임 등 우리가 속해 있는 모든 것이 공동체다. 아들은 자라면서 공동체의 규범을 익히며 사회화된다. 공동체 안에서 살아가려면 사회성이 필요하다. 사회성은 타인의 욕구를 고려해 행동할 줄 알아야 발달한다. 서열을 우선시하는 아들은 자기보다 약한 사람이 입는 상처를 이해하지 못한다. 그러나 사람은 관계 속에서 존재한다. 타인에 대한 이해가 없으면 관계를 맺을 수 없다. 사회성에는 타인을 사랑하고 존중하는 마음이 필요하다. 부모는 '사람'을 사랑하는 방법을 보여줘야 한다. 제대로 사랑하고 베푸는 법을 가르치면 아들의 삶이 풍요로워진다.

타인에 대한 배려는 사회성을 발달시키는 중요 요소다. 가족과 이웃이 아프면 병문안을 가라. 이웃과 식사를 함께하고 어려운 일이 있으면 적극적으로 도와라. 집으로 손님을 초대하고 손님이 왔을 때 아들에게 접대 역할을 맡겨라. 여러 사람과 만나면서 사회생활에 필요한 가치와 지혜를 배우게 된다. 부모 외에 조언을 구할 어른의 존재는 아들에게 큰 힘이 된다. 부모가 속한 공동체의 경험도 중요하지만, 아들이 속한 공동체도 중요하다. 아들 친구의 부모와 공동체를 형성하라. 끈끈한 관계가 아니어도 괜찮다. 길 가다 내 아이를 보면 인사하고 야단맞을 행동을 했다면 그 자리에서 조언해줄 수 있는 관계면 된다.

아들에게는 힘들 때 언제든 찾아갈 수 있는 지지 체계가 필요하다. 예전에는 야단을 맞으면 옆집으로, 친구 집으로, 친척 집으로 피신했다. 그러다 옆집 아주머니가 슬그머니 집에 데려다주고 그만 혼내라며 화해의 메신저 역할을 해주고는 했다. 그런 관계 속에서 사회성은 자연스럽게 발달했다. 그러나 요즘에는 아들에게 그런 역할을 해줄 사람이 없다. 부모의 귀가가 늦으면 저녁밥을 얻어먹으며 안전하게 기다리고 심심하면 놀러 갈 수 있는 이웃이 없다. 아들에게 장난을 치기도 하고 좋은 일을 함께 기뻐해주고 힘들어하면 조용히 이야기를 들어주는 사람이 없다. 그래서 아들의 사회성 발달은 부모만의 과업이 되어버렸다.

아들이 좋은 공동체에 소속되면 여러 사람의 도움으로 사회성이 발달할 수 있다. 아들은 집단에 소속되는 것을 중요하게 생각한다. 따라서 부모는 공동체와 유대감을 갖고 관계를 이어나가야 한다. 사는 동네의 상점 주인, 경비 아저씨 등과 마주치면 인사하는 모습은 아들에게 공동체의 중요성을 자연스럽게 알게 한다. 주변 이웃들과 공동체를 형성해 연대한다면 아들은 더 바르게 자랄 수 있다. 아들이 종교 모임, 친구 집단, 동아리 같은 곳에 소속되게 하자. 소속될 공동체가 없으면 권리 의식만 높고 의무는 행하지 않는 어른으로 자랄 수도 있다.

사회성은 사회적 맥락을 읽을 줄 알아야 제대로 발달한다. 다양한 연령층의 여러 사람을 만나고 그들의 생각과 지혜를 나누면 사회적 맥락을 읽을 힘이 생긴다. 사회성의 발달에는 사교성, 협력, 공동체 소속 경험 등이 큰 영향을 미친다. 부모는 아들이 공동체에 소속되어 사회성을 기를 기회를 제공할 책임이 있다. 부모가 먼저 가족, 이웃, 지역 사회에 속해 좋은 관계를 유지하는 모습을 보이자. 아들에게는 공동체의 일원으로 사회적 네트워크를 형성할 기회를 주자. 마을에서 이웃들과 공동체가 형성되면 아들은 자연스럽게 공동체의 중요성을 알게 된다. 공동체 안에서 사회화되며 사회성 또한 발달한다.

사회복지 사업 중에는 마을 공동체 사업이 있다. 말 그대로 마을이 하나의 공동체가 되도록 지원하는 것이다. 주민들이 서로를 알고 마을의 이야기를 공유하며 살기 좋은 마을을 만들기 위해 힘을 모으는 것이다. 초등학교 1학년 아이를 둔 엄마들의 모임, 캠핑을 좋아하는 가족들의 모임, 혼자 사는 어르신들의 모임을 하며 주민들의 관계가 생겨나게 돕는다. 어려운 이웃이 있으면 기업의 후원을 받기보다 마을 안에서 해결하려고 노력한다. 사정이 어려워 학원을 못 가는 학생은 보습 학원에 부탁해 무료 수강을 하게 돕는다. 건강이 안 좋은 혼자 사는 어르신이 잘 계시는지 하루에 한 번만 안부를 확인해달라고 이웃에게 부탁한다. 처음에는 부담스러워하지만, 어르신과 관계가 많아질

수록 더 많은 자발적 교류가 생겨난다.

그렇게 마을 안에서 관계가 깊어지면 갈등도 줄어든다. 윗집 층간 소음이 견디기 힘들 정도의 스트레스였지만, 윗집의 사정을 알게 되면서 이해하게 된다. 윗집은 아랫집 이웃에게 감사함과 미안함을 전하며 배려와 감사를 알게 된다. 이러한 사회적 연대의 경험은 특히 아들에게 필요하다. 아들은 자기중심적인 사고가 강하다. 남보다는 자기감정이 우선이며 경쟁이 일상화되어 있다. 그래서 다른 사람들과 관계의 경험이 매우 중요하다. 공동체를 형성하며 양보도 하고 배려도 받는 경험이 쌓인다면 더 나은 삶을 살아갈 힘이 생긴다. 부모는 아들이 공동체를 경험할 기회를 제공해주어야 한다.

TIP 아들의 사회성을 높이는 법

① 부모가 먼저 공동체 활동에 참여하세요

부모가 공동체 활동에 참여해 아들도 공동체에 소속될 기회를 주어야 해요. 부모가 이웃들과 더불어 살아가는 모습을 보이면 아들도 자연스럽게 받아들여요.

② 아들이 직접 교류할 기회를 만들어주세요

물건을 사거나 주문할 때 아들이 직접 하게 해주세요. 화장실을 찾거나 무엇인가를 물어볼 때도 대신해주기보다 직접 질문하게 하는 것이 좋아요. 스포츠 활동, 체험 활동, 종교 활동 등에 참여시키세요. 또래와 자주 교류하는 경험도 매우 중요해요.

학교생활의
기본기 가르치기

아이가 초등학교 1학년에 입학하면 휴직하는 엄마들이 많다. 그만큼 이전과 다른 생활이 시작되기 때문이다. 부모의 세심한 관심과 보살핌이 필요한 시기이다. 그러나 부모가 언제까지 아들의 뒷바라지를 할 수는 없다. 아들이 스스로 해나갈 힘을 길러주는 게 부모가 해야 할 일이다.

학교생활에 필요한 규칙과 행동 수칙을 미리 교육해야 한다. 생활 수칙, 타인과의 관계, 달라지는 학습 과정 등을 알려주자. 아들도 준비할 시간이 필요하다. 더불어 부모도 준비가 되어야 한다. 아들을 스스로 할 수 있는 주체성을 가진 인간으로 인정해야 한다. 아들은 이제 독립을 준비하기 시작할 것이다. 부모는 부모로서 해야 할 일을 하자.

얼마 전 준호가 친구들과 게임을 하고 있었다. 여러 명과 스피커폰으로 통화를 하고 있었는데 한 아이와 계속 다툼이 있었다. 나도 모르게 아이들의 대화에 끼어들었다. "네가 찬수니? 계속 친구와 싸우는 건 좋지 않아. 너희 계속 이럴 거니?"라고 말이다. 준호는 사색이 되어 눈물이 고인 눈으로 나를 보고 있었다. 그 얼굴을 보자 '아차!' 싶었다. 준호가 스스로 해결해야 할 일인데 엄마가 끼어들어 체면을 망친 것이다. 아들이 스스로 친구와의 갈등을 해결하고 나아갈 것이라는 걸 믿지 못한 것이다. 준호의 마음을 달래주는 데 꽤 한참의 시간이 걸렸다. 부모가 준비되어야 아들의 학교생활을 도울 수 있다.

학교생활의 기본기를 놓치지 마라

아들은 초등학교에 입학하면 여러 어려움을 겪는다. 수업 시간 내내 자리에 앉아 있어야 하고 많은 규칙을 지켜야 한다. 선생님은 자기만 봐주지 않는다. 또한 새로운 관계도 만들어가야 한다. 익숙지 않은 단체 생활도 아들에게는 어려움 중 하나다. 욕구를 조절해야 하고 자기 행동은 스스로 책임져야 하기 때문이다.

또 하나 어려운 점은 바로 학습이다. 이전에는 학습에 대한 객관적인 잣대가 거의 없었고 기대치도 크지 않았다. 그러나 학교에 입학하면서부터는 학습의 결과가 중요해진다. 경쟁에 민감한 아들에게는 스트레스 요인이 된다. 부모는 아들의 수준을 정확히 확인하고 조금씩 성취해나갈 수 있도록 도와야 한다.

아들은 학교에 유독 적응하지 못하는 것처럼 보인다. 남자아이들은 초등학교 저학년까지는 두뇌 활동보다는 신체 활동을 선호한다. 그런데 교실에 가만히 앉아서 수업을 들으려니 좀이 쑤셔서 견디지 못하는 것이다. 옆 친구에게 말을 걸기도 하고, 종이접기를 하기도 하고,

멍을 때리기도 한다. 학교 시스템과 아들의 발달 순서가 맞지 않는 것이다. 준호는 1학년 때 교실 바닥에 드러누워 있거나 실내화를 신지 않고 돌아다녔다. 교실 바닥에 누워 있으니 다른 아이들의 통행에 방해가 되었다. 아이들은 준호를 넘어 다니기도 했다. 준호에게 이유를 묻자 힘들어서 잠깐 누웠고 발이 너무 더워서 실내화를 신지 않았다고 했다.

어린이집에서는 힘들면 누워 있기도 했고 실내화를 신지 않았기 때문에 학교에서도 그렇게 하는 줄 알았던 거다. 어른의 눈에는 기상천외한 행동으로 보여도 아들에게는 나름의 이유가 있는 것이다. 준호가 학교에 입학할 때 지켜야 할 것을 내 나름대로는 알려줬다고 생각했다. 설마 바닥에 누우면 안 된다는 것까지 가르쳐야 할 거라고는 생각지 못했다. 바로 초등학교 1학년 아들의 관점에서 생각해야 하는 이유이다. 어른의 시각에서는 당연하지만, 아들에게는 그렇지 않다. 물론 이유가 있다고 모든 행동이 용납되는 건 아니다. 그래서 학교생활을 위한 기본기를 가르쳐야 한다. 일상에서 필요한 기초적인 행동 방식, 지켜야 할 규칙을 미리 가르치는 것은 무척 중요하다.

교실에서의 생활 수칙과 타인과 관계 맺는 기본기를 가르쳐야 한다. 바른 자세로 앉아야 하며 수업 시간에는 집중해서 들어야 한다는 것을 알려주자. 안전 수칙, 식생활 예절, 자리 정돈 방법 등도 가르치자. 집에서와 달리 많은 걸 스스로 해야 하는 만큼 미리 방법을 알려줘야 덜 당황한다. 자기 생각과 다른 경우 갈등이 생기지 않게 말하는 법도 가르칠 필요가 있다. 다른 사람의 실수에 대응하는 법도 중요하다.

아이들은 다른 사람의 실수를 공개적으로 이야기하는 경우가 많다. 이는 갈등으로 이어질 가능성이 크다. 다른 사람의 기분을 살피고 배려할 줄 알게 가르치는 것은 필수다.

학교생활의 핵심은 선생님과의 관계다

아들이 학교생활을 잘하려면 선생님과의 관계가 중요하다. 선생님은 학습만이 아니라 균형 잡힌 인간으로 자라도록 돕는 중요한 역할을 한다. 아들이 지·덕·체를 갖춘 올바른 사람으로 자라기 위해서는 선생님과의 협력이 중요하다. 가정과 학교에서는 같은 메시지로 교육을 해야 한다. 이중 메시지가 주어지면 아들은 무척 혼란스러워진다. 선생님과 교육 방향, 중요시하는 가치 등에 관해 이야기를 나눌 필요가 있다. 학기 초에 진행되는 학부모 상담 시간을 활용하자. 선생님께 "가정에서 선생님과 같은 방향으로 교육이 필요한 부분이 있다면 꼭 연락을 주세요"라고 요청하자. 부모의 협조적인 태도는 선생님과의 관계에 긍정적 도움이 된다.

부모가 아들의 교육에 대해 의논하고 공유하고자 노력하는 모습은 선생님의 적극적 협조를 끌어낼 수 있다. 어떨 때는 선생님이 지적하는 아들의 잘못이 부모의 잘못처럼 느껴지기도 한다. 아들이 아닌 부모를 비난하는 것처럼 느껴진다. 그럴 때는 감정을 분리해서 생각해야 한다. 긍정적인 방향으로 생각을 바꾸기 위해 노력해야 한다. '선생님이 우리 아들에게 관심 갖고 계시는구나. 내 아이가 더 바르게 자라기를 바라시는구나'라고 생각하자. 아들의 잘못된 행동은 부모와 교사가 함께 노력해야 고칠 수 있다. 선생님과 대립하기보다는 우리 아들을 위해 함께하는 동반자라고 생각하는 것이다.

부모가 먼저 내 아들을 책임져주는 선생님께 예의를 갖추어야 아들도 본받는다. 절대 아들 앞에서 학교나 선생님을 비난하거나 맞서면 안 된다. 선생님을 배려하는 것이 아들의 의무는 아니지만 존중하는 것은 필요하다.

아들은 선생님과 잘 지내기 위해 노력해야 한다. 선생님은 친구가 아니며 아들은 서열 집단에 속해 있음을 인지시켜야 한다. 선생님의 말씀에 다른 의견을 제시하고 싶을 때는 예의를 갖춰 이야기하도록 가르치자. 공격적으로 말하지만 않는다고 되는 게 아니라 비언어적 행동도 조심해야 함을 알려주자. 예의를 갖추고 존중하는 태도를 보이면 선생님과 좋은 관계를 맺을 수밖에 없다.

아들이 선생님께 혼났다는 이야기를 들으면 속상하다. 아들의 이야기만 듣고 선생님을 비난하기도 한다. 하지만 이는 절대 금물이다. 속상한 마음을 잠시 내려두고 평정심을 찾자. 제일 먼저 할 일은 아들의 마음을 살펴주는 것이다. 혼나서 속상한 마음을 표현하게 하고 충분히 공감해주자. 누구나 그런 일을 겪으면 힘들 것이라고 말해주자. 그런 다음에는 선생님이 그렇게 한 이유와 상황, 선생님 마음을 이야기해주자. 속상한 마음을 털어버리지 않으면 계속 불편함이 남게 된다. 이해가 되었으면 똑같은 일이 되풀이되지 않도록 아들을 준비시키자. 부모뿐만 아니라 아들도 선생님과 좋은 관계를 유지해야 한다.

괴롭힘, 지혜로운 대처가 필요하다

아들이 평소와 다른 모습을 보인다면 대화를 해봐야 한다. 왜 그러는지 이유를 캐묻기보다 자연스럽게 대화를 끌어내야 한다. "학교생활은 어떠니?"라고 물어보며 힘든 일이 있을 때는 언제든지 말해도 된다고 말해주자.

부모를 신뢰하면 아들은 마음을 털어놓는다. 아들이 솔직히 얘기하면 상처받은 마음을 먼저 위로해주자. 아들이 괴롭힘을 당하는 사실을 알았다면 바로 담임 선생님에게 알려야 한다. 속상한 마음에 선생님에게 화를 내거나 일이 커질까 봐 조용히 참는 것은 아들에게 도움이 되지 않는다. 아들에게 들은 내용을 그대로 전하고 대처 방법을 상의하고 싶다고 정중히 요청해야 한다.

흔히 있을 수 있는 사소한 싸움이 아니라 집단 괴롭힘이라면 부모는 할 수 있는 모든 일을 해야 한다. 그렇지 않으면 아들을 지킬 수 없다. 중요한 건 선생님의 협조를 얻어내는 것이다. 괴롭힘에서 아들을 지키려면 예방하는 것도 중요하다. 괴롭힘에는 적극적으로 대응하라고 가르쳐라. 같이 공격하지 않으면서 자기를 지킬 수 있게 훈련해야 한다. 어려서부터 아들의 감정과 생각을 묻고 표현하게 하면 도움이 된다. 괴롭히는 사람을 두려워하지 않는 것도 중요하다. 약한 모습을 보이면 괴롭힘은 더 심해진다. 아들을 자기 신념과 생각에 따라 표현하고 행동하는 사람으로 키워야 한다. 자기를 신뢰하면 부모 없이도 스스로 해결할 수 있다.

아들은 학교 이야기를 잘 하지 않는다. 부모로서 꼭 알아야 하는 이야기조차 말이다. 학교생활에 대해 어느 정도는 알아야 괴롭힘에도 대처할 수 있다. 아들에게 계속 말을 시키자. 진심으로 경청하고 공감해주면 말이 없는 아들도 신나서 이야기한다. 같은 반의 딸 엄마들과 친하게 지내는 것도 방법이다. 딸들은 자기 이야기뿐만 아니라 다른 친구들의 이야기도 잘 기억한다. 그러나 내 아들의 단점을 공개적으로 이야기하는 엄마는 피하는 게 좋다. 걱정된다는 이유로 내 아들의 이미지만 나쁘게 만든다. 아들의 이야기를 듣고 싶어 만난 관계가 아들에게 독이 될 수도 있다. 아들에게 힘이 되어줄 수 있는 관계를 만들어두는 게 부모가 할 일이다.

준호네 반 학부모 모임 때 일이다. 딸이 있는 엄마가 "우리 반에 장난꾸러기가 몇 명 있는데 준호는 세 번째 장난꾸러기래요"라고 큰 소리로 말했다. 해맑게 웃으며 이야기하기에 나도 웃으며 넘겼다. 그런데 다음 모임에서 또 "우리 아이가 그러는데 준호가 요즘엔 장난꾸러기가 아니래요. 많이 좋아졌나 봐요"라고 했다. 공개적으로 준호를 장난꾸러기로 만들었고 그 인식은 오래 남았다. 처음에 제대로 대응하지 않은 게 실수였다.

이럴 때는 따로 자리를 만들어 정확하게 의견을 전하는 게 좋다. 의도와 상관없이 기분이 좋지 않다는 사실을 밝히고 앞으로는 조심해 달라고 전해야 한다. 마찬가지로 다른 아이의 이야기를 함부로 하지 말자. 꼭 말해줄 게 있다면 둘이 있을 때 따로 말하는 게 좋다. 특히 다른 엄마들과 이야기할 때 내 아들에 관한 이야기는 주의할 필요가 있다. 겸손해 보이려고 내 아들의 단점을 이야기하면 아들에 대한 이미지는 그렇게 형성된다. 자랑만 할 필요는 없지만, 단점을 군이 말할 필요도 없다. 아들의 긍정적 이미지는 괴롭힘 예방에도 도움이 된다.

아들의 학교생활은 항상 궁금하고 걱정스럽다. 수업에 집중하는지, 친구들과 관계는 어떤지, 괴롭힘을 당하지는 않는지 말이다. 그렇다고 학교생활을 심문하듯 물어서는 안 된다. 아들과 평소에 대화를 많이 나누어 자연스럽게 말할 수 있는 분위기를 만들어야 한다. 다른 학부모와의 네트워크도 도움이 된다. 또한 아들의 문제를 부모가 대신 해결하려고 하면 안 된다. 아들을 믿어주고 스스로 해결하도록 응원하는 게 부모의 역할이다.

학교생활을 위한 기본적인 규칙을 미리 알려주고 선생님과 좋은 관계를 유지하도록 함께 노력하자. 학교생활은 미리 준비해야 하고 꾸준히 관찰해야 한다. 부모의 지속적인 관심이 있어야 아들이 스스로 더 잘 해낼 수 있다.

TIP 아들의 학교생활, 이렇게 도와주세요

① 기본기를 가르치세요

수업 시간에는 돌아다니지 않고 바른 자세로 앉아 있어야 한다는 것을 알려주세요. 선생님 말씀을 집중해서 들어야 한다는 것도 가르쳐야 합니다. 식사 예절, 자리 정돈(서랍, 사물함, 책상) 방법과 다른 사람의 실수에 대응하는 법도 알려줘야 합니다. 단체 생활에서 지켜야 하는 기본 예절은 최대한 구체적으로 가르쳐주세요.

② 선생님과 좋은 관계를 유지하세요

부모가 선생님과 교육 방향과 가치에 대해 공유하면 가정과 학교에서 같은 방향으로 교육할 수 있어요. 부모가 먼저 선생님께 예의를 갖춰야 아들도 배워요. 아들에게 선생님과 의견이 다를 때 예의를 갖춰 대화하는 법을 가르쳐주면 선생님과 관계를 잘 유지할 수 있어요.

③ 괴롭힘은 적극적으로 예방해야 해요

아들에게 학교생활을 물어보고 힘든 일이 있을 때는 언제든지 말해도 된다고 알려주세요. 괴롭힘을 예방하기 위해 아들을 미리 준비시키세요. 괴롭힘이 발생했을 때 대처 방법을 알려주고 자기 자신을 신뢰할 수 있는 사람이 되게 믿음을 주세요. 아들은 학교에서의 일을 잘 이야기하지 않아요. 학교생활을 알 수 있는 반 친구 엄마와 관계를 형성해두면 도움이 돼요.

DoM 014

아들에게는 왜 논리도,
큰소리도 안 통할까

아들에게는
아들의속도가 있습니다

초판 1쇄 인쇄 | 2022년 11월 18일
초판 1쇄 발행 | 2022년 12월 2일

지은이 정현숙
펴낸이 최만규
펴낸곳 월요일의꿈
출판등록 제25100-2020-000035호
연락처 010-3061-4655
이메일 dom@mondaydream.co.kr

ISBN 979-11-92044-17-0 (03590)
ⓒ 정현숙, 2022

'월요일의꿈'은 일상에 지쳐 마음의 여유를 잃은 이들에게 일상의 의미와 희망을 되새기고 싶다는 마음으로 지은 이름입니다. 월요일의꿈의 로고인 '도도한 느림보'는 세상의 속도가 아닌 나만의 속도로 하루하루를 당당하게, 도도하게 살아가는 것도 괜찮다는 뜻을 담았습니다.
"조금 느리면 어떤가요? 나에게 맞는 속도라면, 세상에 작은 행복을 선물하는 방향이라면 그게 일상의 의미이자 행복이 아닐까요?" 이런 마음을 담은 알찬 내용의 원고를 기다리고 있습니다. 기획 의도와 간단한 개요를 연락처와 함께 dom@mondaydream.co.kr로 보내주시기 바랍니다.